Σ BEST シグマベスト

中2数学

実力アップ問題集

文英堂編集部 編

MATHEMATICS

EXERCISE BOOK

文英堂

実力アップが実感できる問題集です。

1 初めの「重要ポイント/ポイント一問一答」で，定期テストの要点が一目でわかる！

2 「3つのステップにわかれた練習問題」を順に解くだけの段階学習で，確実にレベルアップ！

3 苦手を克服できる別冊「解答と解説」。問題を解くためのポイントを掲載した，わかりやすい解説！

標準問題

定期テストで「80点」を目指すために解いておきたい問題です。

差がつく 解くことで，高得点をねらう力がつく問題。

カンペキに仕上げる！

実力アップ問題

定期テストに出題される可能性が高い問題を，実際のテスト形式で載せています。

基礎問題

定期テストで「60点」をとるために解いておきたい，基本的な問題です。

重要 みんながほとんど正解する，落とすことのできない問題。

ミス注意 よく出題される，みんなが間違えやすい問題。

基本事項を確実におさえる！

重要ポイント/ポイント一問一答

重要ポイント 各単元の重要事項を1ページに整理しています。定期テスト直前のチェックにも最適です。

ポイント 一問一答 重要ポイントの内容を覚えられたか，チェックしましょう。

もくじ

①式の計算

重要ポイント

① 単項式・多項式

- □ **単項式**…数や文字についての乗法だけでできている式。かけあわされている文字の個数を，その単項式の次数という。

- □ **多項式**…単項式の和の形で表される式。多項式の1つ1つの単項式を項という。また，各項の中で次数がいちばん大きい項の次数をその多項式の次数という。

② 多項式の加法・減法

- □ **同類項**…文字の部分が同じである項。同類項は，分配法則 $ma+na=(m+n)a$ を使って，1つの項にまとめることができる。

  例 $2a-3b+5a+7b=(2a+5a)+(-3b+7b)=(2+5)a+(-3+7)b=7a+4b$

- □ **多項式の加法**…多項式の項をすべて加え，同類項はまとめておく。

  例 $(3a+5b)+(a-7b)=3a+5b+a-7b=3a+a+5b-7b=4a-2b$

- □ **多項式の減法**…ひくほうの多項式の各項の符号を変えて加えればよい。

  例 $(x^2-3x)-(2x^2+5x-6)=x^2-3x+(-2x^2-5x+6)$
  $=x^2-3x-2x^2-5x+6=x^2-2x^2-3x-5x+6=-x^2-8x+6$

③ 単項式の乗法・除法

- □ **単項式の乗法**…係数の積に文字の積をかければよい。

  例 $(-8a)\times3a=(-8)\times3\times a\times a=-24a^2$
  $(-2xy^2)^2=(-2xy^2)\times(-2xy^2)=4x^2y^4$

- □ **単項式の除法**…分数の形にして約分する。わる式の逆数をかける乗法にしてもよい。

  例 $8x^2\div2x=\dfrac{8x^2}{2x}=\dfrac{8\times x\times x}{2\times x}=4x$

  $\dfrac{3}{2}ab\div\left(-\dfrac{3}{4}a\right)=-\dfrac{3ab}{2}\div\dfrac{3a}{4}=-\dfrac{3ab}{2}\times\dfrac{4}{3a}=-2b$

④ 式の値

- □ 式の値を求めるときは，はじめの**式を簡単にしてから代入する**とよい。

  例 $x=-2,\ y=3$ のとき，$5x^2y^3\div xy^2$ の値

  $5x^2y^3\div xy^2=\dfrac{5x^2y^3}{xy^2}=5xy$　$x=-2,\ y=3$ を代入して，$5\times(-2)\times3=-30$

ポイント 一問一答

① 単項式・多項式

次の多項式の項と次数をいいなさい。

□ (1) $3a+5$

□ (2) $3x^2-2x+5$

□ (3) $a^2b-ab+3a$

② 多項式の加法・減法

次の問いに答えなさい。

(1) 次の式の同類項をまとめて簡単にしなさい。

□ ① $7x+5y-2x+3y$

□ ② $x^2-x+2-3x^2+2x$

(2) 次の計算をしなさい。

□ ① $(5x+6y)+(x-6y)$

□ ② $a-2b+(3a+4b)$

□ ③ $(3a-2b)-(a+2b)$

□ ④ $-4x+y-(3x-y)$

③ 単項式の乗法・除法

次の計算をしなさい。

□ (1) $(-3x)\times5y$

□ (2) $(-a)\times(-2ab)$

□ (3) $-8x^2\div2x$

□ (4) $24x^2\div(-18x^2)$

④ 式の値

$a=-3$，$b=2$ のとき，次の式の値を求めなさい。

□ $2(a+2b)-3(a-2b)$

---

① (1) 項…$3a$，5　次数…1　(2) 項…$3x^2$，$-2x$，5　次数…2

(3) 項…a^2b，$-ab$，$3a$　次数…3

② (1) ① $5x+8y$　② $-2x^2+x+2$　(2) ① $6x$　② $4a+2b$　③ $2a-4b$　④ $-7x+2y$

③ (1) $-15xy$　(2) $2a^2b$　(3) $-4x$　(4) $-\dfrac{4}{3}$

④ 23

1 〈式の加法・減法①〉 **重要**

次の計算をしなさい。

(1) $5a + 2a - 6a$

(2) $x^2 + 2x - 3x^2 + 4x$

(3) $3x^2 + 8x^2 - x^2$

(4) $10a - ab - 2a + 5ab$

(5) $x + 2y - (3x - 4y)$

(6) $4x - \{3y + (2y - x)\}$

(7) $\quad\ \ 8a - 5b$
$\underline{+)\ \ a + 6b}$

(8) $\quad -6x^2 + 2x + 3$
$\underline{-)\ -4x^2 + 5x - 1}$

2 〈式の加法・減法②〉 **重要**

次の計算をしなさい。

(1) $4(2x - 3y - 1)$

(2) $-\dfrac{1}{4}(2x - 6y)$

(3) $7(2a + b) - (3a - 5b)$

(4) $4a - 3b + 3(a - 2b)$

(5) $2(-x + 2y) + 5(2x + y)$

(6) $3(x + 3y) - 5(x - 2y)$

(7) $\dfrac{1}{3}(a + 2b) - \dfrac{1}{6}(a - b)$

(8) $\dfrac{3x - y}{2} - \dfrac{5x + y}{6}$

3 〈式の乗法〉 **重要**

次の計算をしなさい。

(1) $3x \times 4y$

(2) $(-7a)^2$

(3) $x \times \dfrac{1}{2}x$

(4) $-12x^2 \times \left(-\dfrac{y}{3}\right)$

(5) $4x \times (-2x)^2$

(6) $(-3a)^2 \times 2a^3$

4 〈式の乗法・除法〉 **重要**

次の計算をしなさい。

(1) $6ab \div 2b$

(2) $-8ab \div 4ab$

(3) $3x^2 \div \left(-\dfrac{3}{2}x\right)$

(4) $\dfrac{1}{2}ab \div \dfrac{2}{3}a$

(5) $a \times a^2 \div a$

(6) $5a^2b \div (-10ab^2) \times 2b$

5 〈式の値①〉 **ミス注意**

$a=4$, $b=-2$ のとき，次の式の値を求めなさい。

(1) $3(a-b)-2(2a+b)$

(2) $2(a^2-b^2)-3(a^2-2b^2)$

6 〈式の値②〉

$x=-2$, $y=3$ のとき，次の式の値を求めなさい。

(1) $6x^2y^2 \div (-3xy)$

(2) $4x^2y \times (-2y)^2 \div 8xy$

ヒント

1 同類項をまとめる。

2 分配法則を使ってかっこをはずし，同類項をまとめる。

3 係数の積と文字の積をそれぞれ求めてかける。

5 6 式を簡単にしてから，数を代入する。

1 〈式の加法・減法①〉
次の計算をしなさい。

(1) $8a - 4b - 1 + 3b - 4a - 3$

(2) $5 - 3x + x^2 - 4x + 3 - 2x^2$

2 〈式の加法・減法②〉 重要
次の各組の2式の和を求めなさい。また，左の式から右の式をひいた差を求めなさい。

(1) $10x^2 - 9x + 8,\qquad -3x^2 - 9x + 4$

(2) $\dfrac{1}{2}xy + 3y - 1,\qquad -\dfrac{1}{3}xy + 4x + 6$

3 〈式の加減・式の値〉 ミス注意
次の問いに答えなさい。

(1) $2x - 3y$ にある式を加えると，$4x - 6y + 1$ になるという。

① ある式を求めるための式をつくりなさい。

② ある式を求めなさい。

(2) $a = 3$，$b = 7$，$c = -5$ のとき，次の式の値を求めなさい。

① $a + b - \{a - 2b + (5c + 2b)\} + 4c$

② $\dfrac{1}{3}a + \dfrac{1}{2}b - \dfrac{3}{10}c + \left(\dfrac{2}{3}a - \dfrac{3}{2}b - \dfrac{1}{10}c\right)$

4 〈式の計算①〉 ⚷重要

次の計算をしなさい。

(1) $3(x-y)+4(5x+2y)$

(2) $2(4a-3b-1)-5(a+b-1)$

(3) $\dfrac{3}{4}a-\dfrac{1}{2}(3a-8b)$

(4) $\dfrac{3x-5}{4}-\dfrac{2(x+y)}{3}$

(5) $(-xy)\times 5xy\times 2xy$

(6) $\left(-\dfrac{5}{6}x\right)\times\left(-\dfrac{9}{10}xy\right)\div\dfrac{5}{12}y$

(7) $(-3ab)^2\div\dfrac{1}{2}a^2b$

(8) $\left(-\dfrac{1}{2}a\right)^3\div\left(\dfrac{1}{3}a\right)^2$

5 〈式の計算②〉

$X=2a-b+3$, $Y=3a+2b-1$, $Z=-a+3b-5$ のとき，次の式を，a, b を使った式で表しなさい。

(1) $2(X+Y)-Z$

(2) $3X-4(Y-Z)$

6 〈式の計算③〉 🏠がつく

次の□にあてはまる式を求めなさい。

(1) $\square\times(-3x^2y)=-18x^3y^2$

(2) $\square\times b^2\div a^2b=ab^2$

(3) $-7x^2\times\left(-\dfrac{1}{3xy^2}\right)\div\square=\dfrac{7}{9}xy$

❷文字式の利用

① 数量の調べ方

□ **(例題)** 地球の赤道のまわりに，地球から$1\,\mathrm{m}$離してロープをはったとすると，その長さは赤道の長さよりどのくらい長くなりますか。ただし，地球を球として考える。

(解答) 地球の半径を$r\,\mathrm{m}$とすると，赤道の長さは，$2\pi r\,\mathrm{m}$，

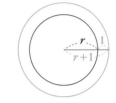

ロープの長さは，$2\pi(r+1)\,\mathrm{m}$となり，その差は，

$$2\pi(r+1)-2\pi r = 2\pi r + 2\pi - 2\pi r$$
$$= 2\pi\ (\mathrm{m})$$

答　$2\pi\,\mathrm{m}$

② 数の性質の調べ方

□ **(例題)** 奇数と奇数との和は，偶数である。このことを文字を使って説明しなさい。

(解答) 2つの奇数をそれぞれ$2m+1$，$2n+1$と表す。ただし，m，nは整数とする。

$$(2m+1)+(2n+1)=2m+1+2n+1$$
$$=2m+2n+2$$
$$=2(m+n+1)$$

ここで，$m+n+1$は整数だから，$2(m+n+1)$は偶数である。

したがって，奇数と奇数との和は偶数である。

③ 等式の変形

□ **等式の変形**…いくつかの文字がふくまれている等式を，方程式を解く要領で，ある文字を求める式に変形することを，その<u>文字について解く</u>という。

例 $S=\dfrac{1}{2}ah$を，hについて解く。

両辺を入れかえて，$\dfrac{1}{2}ah=S$

両辺に2をかけて，　$ah=2S$

両辺をaでわって，　$h=\dfrac{2S}{a}$

●数量を文字式で表し，問題の条件に合わせて立式し，式を解いて項をまとめることを理解する。
●偶数，奇数，倍数，2けたの自然数などの数を文字式で表せるようにする。

ポイント **一問一答**

① 数量の調べ方

長方形の縦，横の長さをそれぞれ2倍すると，面積はどうなりますか。次の〔　〕にあてはまる文字や数を入れなさい。

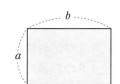

□ (1) もとの長方形の縦の長さを a cm，横の長さを b cm とすると，

面積は〔㋐　　〕cm² である。

□ (2) 縦，横の長さを2倍すると，縦の長さは〔㋑　　〕cm，横の

長さは〔㋒　　〕cm で，面積は〔㋓　　〕cm² である。

□ (3) したがって，〔㋔　　〕÷〔㋕　　〕＝〔㋖　　〕だから，〔㋗　　〕倍になる。

② 数の性質の調べ方

□ 一の位が0でない2けたの自然数を A，A の十の位と一の位を入れかえてできる自然数を B とすると，$A-B$ は9の倍数になる。このことを説明するのに〔　〕にあてはまる式やことばを入れなさい。

A の十の位の数を x，一の位の数を y とすると，

$A=$〔㋐　　〕，$B=$〔㋑　　〕と表せる。ただし，

x，y は1から9までの整数である。

$A-B=$〔㋐　　〕$-$〔㋑　　〕

　　　　$=9x-9y=$〔㋒　　〕

$x-y$ は〔㋓　　〕だから，〔㋒　　〕は〔㋔　　〕である。

したがって，$A-B$ は，〔㋕　　〕である。

③ 等式の変形

次の式を y について解きなさい。

□ (1) $2x+y=6$ 　　　　□ (2) $x-y=-2$ 　　　　□ (3) $3y=5x$

答

① (1) ㋐ ab 　(2) ㋑ $2a$ 　㋒ $2b$ 　㋓ $4ab$ 　(3) ㋔ $4ab$ 　㋕ ab 　㋖ 4 　㋗ 4

② ㋐ $10x+y$ 　㋑ $10y+x$ 　㋒ $9(x-y)$ 　㋓ 整数　㋔ 9の倍数　㋕ 9の倍数

③ (1) $y=-2x+6$ 　(2) $y=x+2$ 　(3) $y=\dfrac{5}{3}x$

▶答え 別冊 p.3

1 〈整数の性質の説明①〉 ⊙重要

整数 m, n を使うと，偶数は $2m$，奇数は $2n+1$ で表される。

このことを使って，奇数から偶数をひいた差が奇数であることを説明しなさい。

2 〈整数の性質の説明②〉 ⚠ミス注意

3つの連続する整数があり，まん中の整数を m とおく。このとき，次の問いに答えなさい。

(1) 残りの2つの整数を m を使って表しなさい。

(2) 3つの連続する整数の和は，3の倍数になることを説明しなさい。

3 〈整数の性質の説明③〉

2けたの自然数に，この自然数の十の位の数と一の位の数を入れかえてできる2けたの自然数を加えると，その和は11の倍数になる。その理由を説明しなさい。

4 〈文字を使った式〉

1個120円のりんご a 個と1個30円のみかんを b 個買うとする。

(1) このときの代金の合計を式で表しなさい。

(2) りんごの個数とみかんの個数をとりちがえて買ったら，予定より安くなる。いくら安くなるか式で表しなさい。ただし，$a>b$ とする。

5 〈図形の性質の説明①〉
右の図の長方形で，色のついた部分の面積を求めなさい。

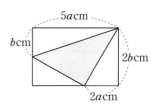

6 〈図形の性質の説明②〉
縦の長さ，横の長さ，高さが，それぞれ，$4a$ cm，$6a$ cm，$3b$ cm の直方体の表面積を求めなさい。

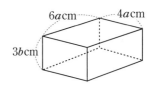

7 〈図形の性質の説明③〉⚠ ミス注意
半径 r cm の円の半径を a cm 大きくすると，円周は何 cm 大きくなりますか。

8 〈等式の変形〉🔑 重要
次の等式を，〔 〕の中の文字について解きなさい。

(1) $3x + y = 12$ 〔x〕

(2) $V = \dfrac{1}{3}\pi r^2 h$ 〔h〕

ヒント
- ① 差が $2 \times ($整数$) + 1$ になることを示す。
- ③ もとの自然数の十の位の数を x，一の位の数を y とする。
- ④ (2) とりちがえて買うと代金の合計は，$120b + 30a$（円）
- ⑦ 半径は $r + a$（cm）になる。

1 〈整数の性質の説明①〉
5つの連続する整数の和は，5の倍数であることを説明しなさい。

2 〈整数の性質の説明②〉
3けたの自然数 A がある。その数の各位の数を適当に入れかえて3けたの自然数 B をつくる。このとき，$A-B$ は，つねに9の倍数になる。

> ［例］　$274-247=27=9\times3$, $274-742=-468=9\times(-52)$

このことを，はじめの自然数の百の位，十の位，一の位の数をそれぞれ a, b, c とし，百の位の数と一の位の数を入れかえた場合について説明しなさい。ただし，$c \neq 0$ とする。

3 〈整数の性質の説明③〉⚠️ ミス注意
2つの異なる正の整数 A, B がある。A を3でわると商が m で余りが2である。B を3でわると商が n で余りが2である。$A+B$ を3でわったときの商と余りを求めなさい。

4 〈整数の性質の説明・等式の変形〉🔴重要
70を自然数 m でわると，商が a で，余りが b になった。a を m と b を使った式で表しなさい。

5 〈図形の性質の説明①〉

底面の半径が $2a$ cm，高さが b cm の円柱 A と，底面の半径が a cm，高さが $2b$ cm の円柱 B がある。次の問いに答えなさい。

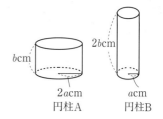

円柱A　円柱B

(1) A の側面積を求めなさい。

(2) B の表面積を求めなさい。

(3) A の体積は B の体積の何倍ですか。

6 〈図形の性質の説明②〉 🏠がつく

線分 AB 上の 1 点を C とし，AC，CB を直径とする半円 O，P をかく。

このとき，半円 O，P の弧の長さの和は，AB を直径とする半円の弧の長さに等しい。AC$=a$，CB$=b$ として，この理由を説明しなさい。

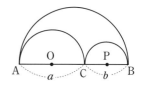

7 〈式を使った説明〉 🔑重要

百の位の数が a，十の位の数が b，一の位の数が c である 3 けたの自然数がある。$c \neq 0$ とする。次の問いに答えなさい。

(1) この 3 けたの自然数を A とするとき，A を a, b, c の式で表しなさい。

(2) この 3 けたの自然数の百の位の数と一の位の数を入れかえた 3 けたの自然数を B とするとき，B を a, b, c の式で表しなさい。

(3) $A+2B$ は 3 でわり切れる。このわけを説明しなさい。

実力アップ問題

1 次の計算をしなさい。　　　　　　　　　　　　　　　　　　　　　　〈3点×6〉

(1) $-3x+2y-5y+x-3y$

(2) $4x-7y+(2x+3y)$

(3) $-a+5b-(-3a+2b)$

(4) $(3x-4y)+(-2x+4y)$

(5) $\begin{array}{r} -8a-4b \\ +)\quad 5a+7b \\ \hline \end{array}$

(6) $\begin{array}{r} 8x-10y \\ -)-5x-\ 7y \\ \hline \end{array}$

(1)		(2)		(3)	
(4)		(5)		(6)	

2 次の計算をしなさい。　　　　　　　　　　　　　　　　　　　　　　〈3点×6〉

(1) $2(-3x+y)+5(x-2y)$

(2) $-3(2x-y)+5(2x+y)$

(3) $\dfrac{5}{6}x-y+\dfrac{2}{3}(5x-y)$

(4) $\dfrac{4x-2y}{3}-\dfrac{4x-5y}{2}$

(5) $\dfrac{3}{4}(x+y)-\dfrac{2}{3}(x-y)$

(6) $\dfrac{3(2a-b)}{4}-\dfrac{a+2b}{8}$

(1)		(2)		(3)	
(4)		(5)		(6)	

3 次の計算をしなさい。　　　　　　　　　　　　　　　　　　　　　　〈3点×8〉

(1) $2a\times3b$

(2) $(-2x)\times(-y)^2$

(3) $\left(-\dfrac{1}{2}m\right)^3\times\left(\dfrac{2}{3}n\right)^2$

(4) $6a^2b^3\div\dfrac{3}{4}ab$

(5) $24xy^2\div(-3y)$

(6) $(-2x)^3\div3x^2\times(-6x)$

(7) $(3m^2-18mn-12n^2)\times\left(-\dfrac{2}{3}\right)$

(8) $(12x^2y-18xy^2-6xy)\div3$

(1)		(2)		(3)		(4)	
(5)		(6)		(7)		(8)	

4 $x=-4$, $y=3$ のとき，次の式の値を求めなさい。 〈3点×2〉

(1) $(24x^2y-18xy^2)\div(-6)$

(2) $\dfrac{2}{3}(3x-9y)-\dfrac{1}{4}(8x-20y)$

(1)		(2)	

5 次の等式を，〔 〕の中の文字について解きなさい。 〈3点×4〉

(1) $\dfrac{x}{3}-\dfrac{y}{5}=0$ 〔y〕 (2) $y=\dfrac{3}{4}ax$ 〔x〕

(3) $y=2x-5$ 〔x〕 (4) $m=6(a+b)$ 〔a〕

(1)		(2)		(3)		(4)	

6 7でわると2余る整数aと，7でわると3余る整数bがある。 〈4点×2〉

(1) aを7でわったときの商をm，bを7でわったときの商をnとして，a，bをそれぞれm，nを使って表しなさい。

(2) aとbの和を7でわったときの余りを求めなさい。

(1)		(2)	

7 A，B2つの立方体があって，Bの1辺の長さはAの2倍である。 〈3点×3〉

(1) Aの1辺の長さを$a$cmとすると，表面積は何cm²ですか。

(2) Bの立方体の表面積は，Aの立方体の表面積の何倍ですか。

(3) Aの立方体の体積は，Bの立方体の体積の何倍ですか。

(1)		(2)		(3)	

8 234や678のように，百の位，十の位，一の位の数が連続する整数になっている3けたの自然数は，3でわり切れる。このわけを説明しなさい。 〈5点〉

❸ 連立方程式の解き方

重要ポイント

① 連立方程式とその解

- □ **2元1次方程式**… $2x-y=7$ のように，2つの文字をふくむ1次方程式を**2元1次方程式**という。2元1次方程式を成り立たせる x，y の値の組はいくつもある。このような値の組を (x, y) で表すことがある。

  例 $2x-y=7$ を成り立たせる x，y の値の組は，$(x, y)=(2, -3)$，$(6, 5)$，…

- □ **連立方程式**…2つ以上の方程式を組み合わせたもの。それらのどの方程式も成り立たせる文字の値の組を，**連立方程式の解**という。

  例 $x+y=-1$ を成り立たせる x，y の値の組は，$(x, y)=(1, -2)$，$(2, -3)$，…

  であるから，連立方程式 $\begin{cases} 2x-y=7 & \cdots\cdots① \\ x+y=-1 & \cdots\cdots② \end{cases}$ の解は，$x=2$，$y=-3$

  これを，$(x, y)=(2, -3)$ と書くことがある。

② 連立方程式の解き方

- □ 連立方程式の解を求めることを**連立方程式を解く**という。

  例 上の連立方程式で，①の式は，$y=2x-7\cdots③$ と変形でき，これを②の式の y に代入すると，$x+2x-7=-1\cdots④$ これを解くと，$x=2$ ③に代入して，$y=-3$

- □ **代入法**…上の③のように，一方の文字を他方の文字で表し，これをもう一方の式に代入すると1つの文字（この場合は y）をふくまない方程式④が得られる。このことを y を**消去**するという。また，このような連立方程式の解き方を**代入法**という。

- □ **加減法**…2つの等式の左辺どうし，右辺どうしを加えて1つの等式を得ることを，**辺々を加える**という。

  例 上の連立方程式の辺々を加えると，$3x=6$ $x=2$

  $$\begin{array}{r} 2x-y=7 \\ +)\ \underline{x+y=-1} \\ 3x=6 \end{array}$$

  これを②の式に代入して，$2+y=-1$ $y=-3$

  等式の性質を用いて，一方または両方の式を何倍かして，一方の文字の係数の絶対値をそろえることができる。こうして得られた2つの等式の辺々を加えたり，ひいたりして一方の文字を消去して，連立方程式を解く解き方を**加減法**という。

  例 上の連立方程式で，x を消去するには，②の式を2倍して，①$-$②$×2$ とすればよい。

  $$\begin{array}{r} 2x-y=7 \\ -)\ \underline{2x+2y=-2} \\ -3y=9 \end{array}$$

テストでは **ココ**が ねらわれる

● 連立方程式を解くには，まず1つの文字を消去することがポイントになる。
● 式の形から，代入法，加減法のどちらがよいか判断すること。
　$x =$ 〜，または $y =$ 〜 の形の式があるときは代入法で解くとよい。

ポイント 一問一答

① 連立方程式とその解

□ 次のア〜ウのうち，$(x, y) = (4, -1)$ が解になっているのはどれですか。

ア $\begin{cases} x + y = 3 \\ 2x - 3y = 5 \end{cases}$
　　イ $\begin{cases} x - 2y = 6 \\ 3x + 4y = 8 \end{cases}$
　　ウ $\begin{cases} 2x - y = 7 \\ x + 3y = 1 \end{cases}$

② 連立方程式の解き方

次の問いに答えなさい。

□ (1) $\begin{cases} x - y = 1 & \cdots\cdots ① \\ 2x - 3y = 0 & \cdots\cdots ② \end{cases}$ を代入法で解いた。〔　〕にあてはまる式や数を入れなさい。

（解答）①を x について解くと　$x =$〔 ア 　　〕$\cdots\cdots ③$

これを②に代入すると，〔 イ 　　〕$- 3y = 0$

これを解くと　　　　　　$y =$〔 ウ 　　〕

これを③に代入して　　$x =$〔 エ 　　〕

　答　$x =$〔 エ 　　〕，$y =$〔 ウ 　　〕

□ (2) $\begin{cases} 2x + y = 1 & \cdots\cdots ① \\ x - 3y = 11 & \cdots\cdots ② \end{cases}$ を加減法で解いた。〔　〕にあてはまる式や数を入れなさい。

（解答）①の両辺を〔 ア 　　〕倍して，辺々を加えると

〔 イ 　　〕が消去できるので

$① \times 3$　　　　　　　$6x + 3y =$〔 ウ 　　〕

$②$　　　　　　$\underline{+)\quad x - 3y = 11}$

　　　　　　　　〔 エ 　　〕$=$〔 オ 　　〕

これを解くと　　　　　　$x =$〔 カ 　　〕

これを①に代入して　〔 キ 　　〕$+ y = 1$　$y =$〔 ク 　　〕

　答　$x =$〔 カ 　　〕，$y =$〔 ク 　　〕

答
① イ

② (1) ア $y + 1$　イ $2(y + 1)$　ウ 2　エ 3

(2) ア 3　イ y　ウ 3　エ $7x$　オ 14　カ 2　キ 4　ク -3

1 〈代入法〉 🔑重要
次の連立方程式を代入法で解きなさい。

(1) $\begin{cases} y = 3x - 1 \\ x - 2y = 12 \end{cases}$

(2) $\begin{cases} x = y \\ x - 2y = -3 \end{cases}$

(3) $\begin{cases} x - y = -1 \\ 3x + 4y = 11 \end{cases}$

(4) $\begin{cases} 5x - 3y = 2 \\ -x + y = 4 \end{cases}$

2 〈加減法①〉 🔑重要
次の連立方程式を加減法で解きなさい。

(1) $\begin{cases} x + y = 4 \\ x - 2y = -5 \end{cases}$

(2) $\begin{cases} x - 2y = 10 \\ 3x + 2y = 6 \end{cases}$

(3) $\begin{cases} 2x + 3y = 1 \\ -x + y = 2 \end{cases}$

(4) $\begin{cases} 3a + 4b = 6 \\ 9a + 2b = -12 \end{cases}$

3 〈加減法②〉 ⚠ミス注意
次の連立方程式を加減法で解きなさい。

(1) $\begin{cases} 2x + 3y = 9 \\ 3x - 2y = 7 \end{cases}$

(2) $\begin{cases} 3x - 5y = 21 \\ -4x + 3y = -17 \end{cases}$

(3) $\begin{cases} 4x + 3y = 1 \\ 7x + 5y = 2 \end{cases}$

(4) $\begin{cases} -6x - 5y = 10 \\ 4x + 9y = 16 \end{cases}$

4 〈かっこをふくむ連立方程式〉 🔑重要

次の連立方程式を解きなさい。

(1) $\begin{cases} 7x - 2(x+y) = 19 \\ 7x - 8y = 11 \end{cases}$

(2) $\begin{cases} 2x - (x - 2y) = 1 \\ 8x - (y - 3x) = 11 \end{cases}$

(3) $\begin{cases} 3x + y = 3(12 - y) \\ 7x - 2y = 16 \end{cases}$

(4) $\begin{cases} 3(x - 2y) = y - 17 \\ 8x + y = 2(x - y) \end{cases}$

5 〈係数が小数・分数の連立方程式〉 ⚠️ミス注意

次の連立方程式を解きなさい。

(1) $\begin{cases} x - y = 21 \\ 0.4x + 0.5y = 3 \end{cases}$

(2) $\begin{cases} 0.2x + 0.7y = -7.5 \\ 0.3x + 0.5y = -3 \end{cases}$

(3) $\begin{cases} \dfrac{5}{2}x + y = \dfrac{7}{2} \\ 3x + 4y = 7 \end{cases}$

(4) $\begin{cases} \dfrac{x}{2} - \dfrac{y}{3} = 2 \\ 3x + 2y = 0 \end{cases}$

6 〈$A = B = C$ の形の連立方程式〉

次の連立方程式を解きなさい。

(1) $x + 2y = 3x + y = 10$

(2) $x + 4y = x - 2y - 12 = 3x + 7y$

ヒント

5 (3)(4) 分母の最小公倍数を両辺にかけて，係数を整数にしてから解く。

6 $A = B = C$ の形の連立方程式は，

$\begin{cases} A = C \\ B = C \end{cases}$ $\begin{cases} A = B \\ A = C \end{cases}$ $\begin{cases} A = B \\ B = C \end{cases}$ のいずれかの形になおして解く。

1 〈連立方程式の解き方〉 🔑重要
次の連立方程式を解きなさい。

(1) $\begin{cases} 2x-3y+4=0 \\ 3x-y+6=0 \end{cases}$

(2) $\begin{cases} 4x-3y-18=0 \\ x+2y+1=0 \end{cases}$

(3) $\begin{cases} x-4(y-1)=6 \\ 3x-5y=x+y-2 \end{cases}$

(4) $\begin{cases} 2(x-y)+3y=8 \\ 5x-3(2x-y)=3 \end{cases}$

(5) $\begin{cases} 2(x+1)+(y-3)=-2 \\ 3(x+2)-(y+2)=0 \end{cases}$

(6) $\begin{cases} 3(x+y)-(x-y)=4 \\ 5(x+y)-3(x-y)=2 \end{cases}$

2 〈係数が小数の連立方程式〉 ⚠️ミス注意
次の連立方程式を解きなさい。

(1) $\begin{cases} 2.7x+0.4y=5.7 \\ 1.8x-1.2y=12.6 \end{cases}$

(2) $\begin{cases} x=0.04y+0.2 \\ 2x+1.19y=3x+1.21y-0.5 \end{cases}$

(3) $\begin{cases} 5x+0.6y=9.4 \\ 0.2(x-y)=0.1y+0.7 \end{cases}$

(4) $\begin{cases} 0.2(x-10)=0.03(100-y) \\ 0.5(x-40)=0.03(y+100) \end{cases}$

3 〈係数が小数・分数の連立方程式〉 ○**重要**
次の連立方程式を解きなさい。

(1) $\begin{cases} 2x - \dfrac{1}{3}y = 3 \\ \dfrac{1}{2}x + y = 4 \end{cases}$

(2) $\begin{cases} \dfrac{x+y}{3} + x = 40 \\ \dfrac{x-y}{5} + y = 51 \end{cases}$

(3) $\begin{cases} \dfrac{a}{6} + \dfrac{a-b}{8} = 5 \\ \dfrac{a}{3} + \dfrac{b-a}{4} = 10 \end{cases}$

(4) $\begin{cases} \dfrac{5+3x}{7} - \dfrac{5y-2}{4} + 2 = 0 \\ 0.6x + 0.8(y-1) = 10 \end{cases}$

4 〈$A = B = C$ の形の連立方程式〉
次の連立方程式を解きなさい。

(1) $7x + y = x - 2y = 5$

(2) $x - 3y - 14 = 2x + 3y = 5x + 7y$

5 〈連立方程式の解〉 ✿がつく
次の問いに答えなさい。

(1) $\begin{cases} ax + by = 4 \\ ax - by = 8 \end{cases}$ の解が $(x,\ y) = (2,\ -1)$ のとき，a, b の値を求めなさい。

(2) $\begin{cases} x + 2y = 3 \\ ax - by = 1 \end{cases}$ と $\begin{cases} x + 3y = 4 \\ bx + ay = 5 \end{cases}$ が同じ解をもつとき，a, b の値を求めなさい。

(3) x, y についての連立方程式 $\begin{cases} ax + by = 24 \\ cx - 2y = 19 \end{cases}$ を，A 君は正しく解いて，

$x = 5$, $y = -2$ を得た。ところが，B 君は c を書きまちがえて解いたため，

$x = \dfrac{17}{2}$, $y = -1$ となった。a, b, c の値を求めなさい。

❹ 連立方程式の利用

重要ポイント

① 連立方程式の利用

☐ 連立方程式を利用して文章題を解く手順は，次のようになる。

(1) 何を x, y で表すかを決める。（求める数量の場合が多い）

(2) x, y を使って，問題に示された数量の関係を 2 つの方程式に表す。

(3) それらを連立させて，連立方程式を解く。

(4) その解が問題の答えに適しているかどうかを検討し，答えを求める。

② 文章題の解法例

☐ **(例題)** 1 個 120 円のりんごと 1 個 100 円のなしを合わせて 20 個買い，2160 円払った。それぞれ何個買いましたか。

(解答) 求めるのは，買ったりんごの個数となしの個数である。

りんごを x 個，なしを y 個買ったとする。　　　　　　　　　←手順(1)

りんごとなしを合わせて 20 個買うので，$x+y=20$ ……①　←手順(2)

代金の合計は 2160 円だから，　　　$120x+100y=2160$ ……②

①，②を連立させて解くと，$x=8$, $y=12$　　　　　　　←手順(3)

りんごを 8 個，なしを 12 個買うと，個数の合計は　$8+12=20$　←手順(4)

代金の合計は　$120×8+100×12=2160$　となり，答えとしてよい。

答え　りんご 8 個，なし 12 個

☐ **(例題)** 2 けたの整数があり，十の位の数は一の位の数より 4 大きい。また，この整数は，十の位の数と一の位の数の和のちょうど 7 倍である。この整数を求めなさい。

(解答) 求める 2 けたの整数の十の位の数を x，一の位の数を y とする。

十の位の数は一の位の数より 4 大きいから，$x-y=4$ ……①

この 2 けたの整数は $10x+y$ と表すことができ，

十の位の数と一の位の数の和の 7 倍と等しいから，$10x+y=7(x+y)$ ……②

①，②を連立させて解くと，$x=8$, $y=4$

したがって，求める整数は 84

$8-4=4$, $(8+4)×7=84$　となり，答えとしてよい。　　　　答え　84

ポイント **一問一答**

① 連立方程式の利用

1個60円のガムと1個150円のチョコレートをとり混ぜて何個か買い，100円のおつりがくると思って，1000円出したところ，おつりは10円だった。よく調べてみると，ガムとチョコレートの個数をとりちがえていることがわかった。

次の〔　〕にあてはまる式や数を入れなさい。

① 60円のガムを x 個，150円のチョコレートを y 個買うつもりであったとすると，個数と代金の関係は

　　$60x + 150y =$〔㋐　　　〕……Ⓐ

② 実際に買った個数と代金の関係は 〔㋑　　　〕$= 990$ ……Ⓑ

③ Ⓐ，Ⓑを連立させて解くと，$x =$〔㋒　　　〕，$y =$〔㋓　　　〕

④ 実際に買ったガムは〔㋔　　　〕個，チョコレートは〔㋕　　　〕個

② 文章題の解法例

次の問いに答えなさい。

(1) 鉛筆4本と消しゴム2個を買えば520円，鉛筆3本と消しゴム1個を買えば360円である。

鉛筆1本 x 円，消しゴム1個 y 円として連立方程式をつくり，鉛筆1本，消しゴム1個の値段を求めなさい。

(2) ある中学校の昨年の男子は女子より25人多かったが，今年は男子が10％，女子が4％減ったので，男子と女子が同じ人数になった。

昨年の男子を x 人，女子を y 人として連立方程式をつくり，今年の男子の人数を求めなさい。

答

① ㋐ 900　㋑ $60y + 150x$　㋒ 5　㋓ 4　㋔ 4　㋕ 5

② (1) 連立方程式… $\begin{cases} 4x + 2y = 520 \\ 3x + y = 360 \end{cases}$　鉛筆1本… 100円，消しゴム1個… 60円

　(2) 連立方程式… $\begin{cases} x - y = 25 \\ \dfrac{90}{100}x = \dfrac{96}{100}y \end{cases}$　今年の男子… 360人

1　〈2つの数を求める〉 **重要**
大小2つの整数がある。小さい数の2倍に大きい数を加えると23になり，大きい数を小さい数でわると商が5で余りが2になる。
小さい数を x，大きい数を y として連立方程式をつくり，この2つの整数を求めなさい。

2　〈切手の枚数〉
63円切手と84円切手を合わせて12枚買い，840円払った。それぞれの切手の枚数を求めなさい。

3　〈道のりと時間〉 **重要**
30km 離れた所へ行くのに，自転車に乗って時速16km の速さで行ったが，途中で自転車がこわれ，そこからは時速4km の速さで歩いたので，着くまでに3時間かかった。歩いた道のりは何 km ですか。

(1) 自転車に乗っていた時間を x 時間，歩いた時間を y 時間として，連立方程式をつくりなさい。

(2) 歩いた道のりを求めなさい。

4　〈水量と時間〉 **ミス注意**
容積が 20kL の水槽に水を入れるのに，はじめ A 管で3時間入れた後，B 管で2時間入れると満水になる。また，A 管で2時間入れた後，B 管で4時間入れても満水になる。次の問いに答えなさい。

(1) A 管と B 管は，それぞれ1時間に何 kL の水を入れることができますか。

(2) A 管，B 管を同時に使うと，この水槽は何時間何分で満水になりますか。

5 〈冊数と代金〉 ⚠ ミス注意

A君はメモ帳を5冊，ノートを3冊買って，合計1200円を支払った。ところが，店の人がメモ帳の値段とノートの値段をとりちがえて計算したことに気づいて，160円返してくれた。メモ帳とノートの値段を求めなさい。

6 〈タイルの数〉

右の図のように，玄関前に同じ大きさの正方形のタイル a を敷きつめた床Aがある。縦と横に並べたタイルの個数は，それぞれ x 個，y 個で，$x:y=3:4$ である。

次の〔　〕にはあてはまる式，（　）にはあてはまる数を書きなさい。

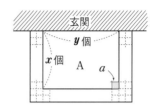

(1) 床Aの外側に，点線で示したように a と同じタイルを2個ずつつけたした。つけたしたタイルの数は全部で88個となった。x と y の関係を連立方程式に表すと，次のようになる。

$$\begin{cases} 〔①\quad\quad〕=88 \\ (②\quad)x=(③\quad)y \end{cases}$$

(2) はじめの床Aに敷きつめたタイルの数は，（　）個である。

7 〈食塩水の混合量〉

10％と5％の食塩水を混ぜ合わせて，7％の食塩水を600g作りたい。それぞれを何 g 混ぜるとよいですか。

8 〈今年の男女の人数〉 🔑 重要

ある中学校の今年の生徒数は421人で，これを昨年と比べてみると，男子は10％増加し，女子は5％減少していて，全体では11人増えている。

今年の男子，女子の生徒数を求めなさい。

 ヒント

③ (1) 時間の関係，道のりの関係で，2つの式をつくる。

⑥ (1) $x:y=3:4 \rightarrow 4x=3y$

⑦ 10％の食塩水を x g，5％の食塩水を y g とする。

⑧ 昨年の男子を x 人，女子を y 人とする。

1 〈時間と道のり〉 🔑重要

ある人が午前8時に家を出て，時速4kmの速さでA駅まで歩き，5分待って，時速80km
の速さの電車に乗って，午前8時47分にB駅に着いた。

家からA駅までと，A駅からB駅までの道のりの和は25.6kmである。家からA駅までの
道のりと，A駅からB駅までの道のりを求めなさい。

2 〈平均と人数〉 🔑重要

生徒数が40人の学級で，20点満点の小テストを行ったところ，平均は14.4点であった。男
女別にみると，男子の平均は14点，女子の平均は15点であった。

男子，女子それぞれの人数を求めなさい。

3 〈合金の問題〉

銀45%をふくむ合金Aと銀75%をふくむ合金Bを混ぜて，銀65%をふくむ合金を作る予
定であったが，まちがえて合金Bを3g少なく混ぜたため，銀55%をふくむ合金ができてし
まった。

はじめ，合金A，合金Bをそれぞれ何g混ぜる予定であったか求めなさい。

4 〈今年の生徒数〉 🔑重要

ある学校で，昨年の全校生徒数は850人であった。今年は男子が4%，女子が3%増えたので，
合計30人増えた。

今年の男子の生徒数を求めなさい。

5 〈整数の問題〉 ●⚪重要

2けたの整数がある。十の位の数の2倍は一の位の数より1大きく，十の位の数と一の位の数をとりかえて数字の順序を逆にすると，もとの数より18大きくなるという。

もとの整数を求めなさい。

6 〈売り上げ〉

ある果物屋で80個のりんごを仕入れ，①～⑤のようにして1日で売り切った。

①　午前中は1個150円で販売し，x個が売れた。

②　午後からしばらくそのままの値段で売り，y個売れた。そのあと150円の20％引きにして売ったところ，値引きしたりんごは午後5時までに午前中の2倍売れた。

③　午後5時から閉店まで1個100円にして完売した。

④　午後0時から午後5時までに売った個数は，午前中に売った個数より24個多かった。

⑤　全部の売り上げは10000円であった。

このとき，次の問いに答えなさい。

(1) x，yについての連立方程式をつくりなさい。

(2) 150円で売った個数，2割引きで売った個数，100円で売った個数を求めなさい。

7 〈列車のすれちがいの時間〉 がつく

ある列車が580mの鉄橋を渡りはじめてから渡り終わるまでに40秒かかり，1380mのトンネルに入りはじめてから出終わるまでに1分20秒かかった。

この列車が，対向して走ってくる秒速30m，長さ180mの急行列車に出会ってから，完全に離れるまでには，何秒かかりますか。

実力アップ問題

◎制限時間**40**分
◎合格点**70**点
▶答え　別冊p.9

点

1 次の連立方程式を解きなさい。　　　　　　　　　　　　　　　　　　　　　〈5点×4〉

(1) $\begin{cases} x + 4y = 20 \\ 2y = -3x \end{cases}$ 　　　　　　(2) $\begin{cases} y = x + 12 \\ 3x - y = 10 \end{cases}$

(3) $\begin{cases} 2x - y = 4 \\ 5x + 3y = -1 \end{cases}$ 　　　　　　(4) $\begin{cases} -3x + 4y = -7 \\ 5x + 2y = 16 \end{cases}$

(1)		(2)	
(3)		(4)	

2 次の連立方程式を解きなさい。　　　　　　　　　　　　　　　　　　　　　〈5点×4〉

(1) $\begin{cases} 0.2x - 0.3y = 0 \\ 0.9x - 2.1y = 1.5 \end{cases}$ 　　　　　(2) $\begin{cases} 3(x - 2y) + 5y = 2 \\ 4x - 3(2x - y) = 8 \end{cases}$

(3) $\begin{cases} \dfrac{x}{4} - \dfrac{y}{3} = 4 \\ -\dfrac{x}{3} + \dfrac{y}{5} = -20 \end{cases}$ 　　　　　(4) $\begin{cases} \dfrac{x}{7} + \dfrac{5y - 2}{4} = 0 \\ \dfrac{x + 7}{7} - \dfrac{3y - 6}{2} = -1 \end{cases}$

(1)		(2)	
(3)		(4)	

3 次の問いに答えなさい。　　　　　　　　　　　　　　　　　　　　　　　　〈5点×2〉

(1) $\begin{cases} ax + by = -19 \\ bx + ay = -6 \end{cases}$ の解が $(x,\ y) = (-9,\ 4)$ のとき，a, b の値を求めなさい。

(2) $\begin{cases} ax - by = 8 \\ 7x + 4y = 2 \end{cases}$ と $\begin{cases} bx - ay = 7 \\ 8x - 3y = 25 \end{cases}$ が同じ解をもつとき，a, b の値を求めなさい。

(1)		(2)	

4 1冊75円のノートと，1冊100円のノートを合わせて12冊買ったときの代金の合計は，1000円であった。

それぞれのノートを何冊買ったか求めなさい。 〈10点〉

5 100点満点の計算テストが10回あった。

T君の成績は，90点と95点ばかりで，10回のテストの平均点は93点であった。90点，95点はそれぞれ何回あったか求めなさい。 〈10点〉

6 ある学校の入学志願者の男女の比は5:3であった。

このうち，合格者の男女の比は3:2，不合格者の男女の比は7:4で，合格者が200人であった。このとき，男女別の入学志願者数を求めなさい。 〈10点〉

7 ある製品を作るのに，昨年は材料費と加工代を合わせて900円でできた。

今年は，材料費が8％，加工代が5％上がったので，合わせて60円値上がりした。今年の材料費と加工代をそれぞれ求めなさい。 〈10点〉

8 3けたの自然数がある。

この自然数の十の位の数は5で，各位の数の和は百の位の数の7倍である。また，百の位の数と一の位の数を入れかえてできる3けたの自然数は，もとの自然数より495大きいという。もとの自然数を求めなさい。 〈10点〉

⑤ 1次関数とグラフ

重要ポイント

① 1次関数

□ **1次関数**…y が x の関数で，y が x の1次式で表されるとき，y は x の1次関数であるという。

□ 1次関数の式…一般に，$y=ax+b$（a，b は定数）と表され，$b=0$ の場合は比例の関係になる。

> 例 1本50円の鉛筆 x 本を，200円のケースに詰めたときの代金を y 円とすると，
> $y=50x+200$ と表されるので，これは1次関数である。
>
> このケースには鉛筆が12本まで詰められるとき，x の変域は $0 \leqq x \leqq 12$ となる。

□ **変化の割合**…1次関数 $y=ax+b$ で，変化の割合 $= \dfrac{y \text{ の増加量}}{x \text{ の増加量}} = a$（一定）となる。

> 例 1次関数 $y=2x+5$ では，変化の割合は2で，この値は x の増加量が1のときの y の増加量である。

② 1次関数のグラフ

□ 1次関数のグラフ…$y=ax+b$ のグラフは，**点 $(0,\ b)$ を通り，$y=ax$ のグラフに平行な直線**である。

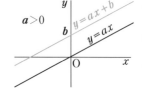

□ **切片**…$y=ax+b$ の b は，$x=0$ のときの y の値で，グラフが y 軸と交わる点の y 座標となっている。

b を1次関数 $y=ax+b$ のグラフの切片という。

□ **傾き**…1次関数 $y=ax+b$ では，

変化の割合 $= \dfrac{y \text{ の増加量}}{x \text{ の増加量}} = a$ であるから，a はグラフの傾きの度合いを表す。**a を $y=ax+b$ のグラフの傾き**という。

$y=ax+b$ のグラフは $\begin{cases} a>0 \text{ のとき，右上がりの直線} \\ a<0 \text{ のとき，右下がりの直線} \end{cases}$

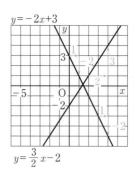

□ 1次関数 $y=ax+b$ のグラフは，**傾き a，切片 b の直線**である。

ポイント 一問一答

① １次関数

長さ 12 cm のろうそくに火をつけると，１分間に 2 cm ずつ短くなっていくことがわかった。火をつけてから x 分後のろうそくの長さを y cm とし，ろうそくの長さが 0 cm になるまでの範囲で考える。このとき，次の問いに答えなさい。

□ (1) y を x の式で表しなさい。

□ (2) y は x の１次関数であるといえますか。

□ (3) x の変域をいいなさい。

□ (4) 変化の割合を求めなさい。

② １次関数のグラフ

(1) 次の⑦，④の関数のグラフをかいて，下の〔　　〕にあてはまるものを入れなさい。

$$⑦ \ y = \frac{2}{3}x \qquad ④ \ y = \frac{2}{3}x + 2$$

□ ① ⑦のグラフは〔　　　〕を通る直線である。

□ ② ④のグラフは，⑦のグラフと〔　　　〕で，y 軸上の点

〔　　　〕を通る直線である。

□ ③ ⑦のグラフの傾きは〔　　　〕である。

□ ④ ④のグラフの傾きは〔　　　〕で，切片は〔　　　〕である。

(2) 次のような１次関数を求めなさい。

□ ① 変化の割合が 3 で，$x = 2$ のとき，$y = 1$ である１次関数

□ ② $x = -4$ のとき $y = 8$ で，$x = 0$ のとき $y = 0$ である１次関数

□ ③ グラフが傾き -4, 切片 3 の直線になる１次関数

---

① (1) $y = -2x + 12$ (2) いえる (3) $0 \leqq x \leqq 6$ (4) -2

② (1) 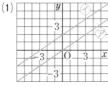 ① 原点 ② 平行(傾きが同じ), (0, 2) ③ $\frac{2}{3}$ ④ $\frac{2}{3}$, 2

(2) ① $y = 3x - 5$ ② $y = -2x$ ③ $y = -4x + 3$

1 〈1次関数〉　●重要〉

次のそれぞれについて，y を x の式で表しなさい。また，y が x の1次関数であるかどうかも答えなさい。

(1) 縦の長さが5cm，横の長さが x cm の長方形の周の長さは y cm である。

(2) 1辺の長さが x cm の立方体の表面積は y cm² である。

(3) 時速30kmで走っているバスは x 分間に y km 進む。

(4) 1冊150円のノートを x 冊買って，1000円出すと，おつりは y 円である。

(5) ある自動車は1Lのガソリンで10km走ることができる。ガソリンを50L入れてから x km 走ると，タンクの中のガソリンは y L である。

2 〈1次関数の値の変化〉

深さ30cmの直方体の形をした水槽に，水が5cmだけ入っていた。水道で水を入れはじめてから10分後の水の深さは10cmであった。水道で水を入れはじめてから x 分後の水面の高さを y cm とし，水槽が水でいっぱいになるまでの範囲で考える。このとき，次の問いに答えなさい。

(1) 水道で水を入れるとき，水面は1分間に何cmの割合で高くなりますか。

(2) y を x の式で表しなさい。また，x，y の変域を求めなさい。

(3) x の値が10から20まで増加するときの，y の増加量と，変化の割合を求めなさい。

(4) x，y の変化のようすを表すグラフをかきなさい。

(5) 水の深さが25cmになるのは，水を入れはじめてから何分後ですか。

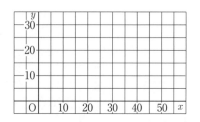

3 〈1次関数のグラフと式〉 🔑重要

次の1次関数について，下の問いに答えなさい。

① $y = 2x - 4$　　② $y = -\dfrac{1}{3}x + 3$

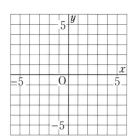

(1) ①，②の1次関数のグラフをかきなさい。
また，グラフの傾きと切片を答えなさい。

(2) ①のグラフと平行で，原点を通る直線の式を求めなさい。

(3) ②のグラフと平行で，点 $(-3, 2)$ を通る直線の式を求めなさい。

4 〈グラフ上の点〉 ⚠️ミス注意

次の1次関数について，下の問いに答えなさい。

ア　$y = 3x + 6$　　　　イ　$y = 4x + 2$　　　　ウ　$y = 2x + 2$

エ　$y = \dfrac{2}{3}x + 9$　　オ　$y = -\dfrac{3}{2}x + 9$　　カ　$y = -\dfrac{2}{5}x + \dfrac{34}{5}$

(1) グラフが点 $(0, 9)$ を通るものをすべて記号で答えなさい。

(2) グラフが点 $(2, 6)$ を通るものをすべて記号で答えなさい。

(3) グラフが点 $(6, 0)$ を通るものをすべて記号で答えなさい。

5 〈1次関数の決定〉 🔑重要

次のような1次関数の式を求めなさい。

(1) グラフは点 $(0, 10)$ を通り，傾きが -4 の直線になる。

(2) グラフは点 $(-1, -9)$ を通り，$y = 3x - 5$ のグラフと平行になる。

(3) グラフは2点 $(-3, 4)$，$(3, 10)$ を通る直線になる。

ヒント

1 y が x の1次関数 ⟶ $y = ax + b$

4 (1) 切片が9

5 (3) 連立方程式 $\begin{cases} 4 = -3a + b \\ 10 = 3a + b \end{cases}$ を解く。

1 〈1次関数〉 ●重要
1個 a 円のケーキ x 個を b 円の箱に詰めると，代金は y 円になる。また，$x=3$ のとき $y=560$，$x=5$ のとき $y=800$ であるという。

(1) x と y の関係を a，b を用いて表しなさい。

(2) a，b の値を求めなさい。

(3) 代金を 2500 円以内にするとき，ケーキは箱に何個まで詰められますか。

2 〈1次関数とグラフ〉 ⚠ミス注意
右の図のような長方形 ABCD がある。AB＝2 cm，
AD＝12 cm である。

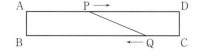

2点 P，Q はそれぞれ A，C を同時に出発して，点 P は
AD 上を毎秒 2 cm の速さで D まで進み，点 Q は CB 上を毎秒 1 cm の速さで B の方向に，P
が D に着くまで進む。

(1) AP＝BQ となるのは，2点が出発してから何秒後ですか。

(2) 2点が出発してから x 秒後の △PBQ の面積を y cm² とするとき，
  ① y を x の式で表しなさい。また，x の変域も示しなさい。

  ② x と y の関係を表すグラフをかきなさい。

  ③ y の最大の値と最小の値を求めなさい。

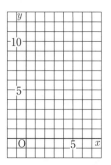

  ④ △PBQ の面積が長方形 ABCD の面積の $\frac{1}{3}$ になるのは2点が出発してから何秒後ですか。

3 〈直線の式と座標軸との交点〉 **重要**

右の図の直線①，②について，次の問いに答えなさい。

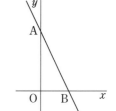

(1) 直線①の式を求めなさい。また，y 軸との交点の座標を求めなさい。

(2) 直線②の式を求めなさい。また，x 軸との交点の座標を求めなさい。

4 〈直線の式・対称な直線〉

右の図で，直線と y 軸の交点 A の座標は $(0, 4)$，直線と x 軸の交点 B の座標は $(2, 0)$ である。

(1) 直線 AB を表す式を $y = ax + b$ の形で表しなさい。

(2) 直線 AB と y 軸について対称な直線の式を求めなさい。

(3) 直線 AB と x 軸について対称な直線の式を求めなさい。

(4) 直線 AB と原点 O について対称な直線の式を求めなさい。

5 〈三角形の面積の2等分〉 **差がつく**

右の図のような，2直線 $y = x + b \cdots$①，$y = ax \cdots$② がある。点 O は原点，点 A $(6, 12)$ は①，②の直線の交点，点 B は直線①上にあって，その y 座標は 3 である。また，点 C は線分 OA の中点である。これについて，次の問いに答えなさい。

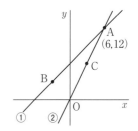

(1) a，b の値を求めなさい。

(2) 点 B，点 C の座標を求めなさい。

(3) △OAB の面積を求めなさい。

(4) 点 B を通り，△OAB の面積を2等分する直線の式を求めなさい。

⑥ 1次関数と方程式

重要ポイント

① 2元1次方程式のグラフ

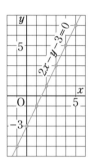

□ 2元1次方程式 $2x-y-3=0$ ……① を y について解くと

$y=2x-3$ ……② となるから，y は x の1次関数とみることができる。

②のグラフは傾き2，切片 -3 の直線である。

一方，①の解は無数にあり，それらの解 $(x, y)=(-1, -5)$，

$(0, -3)$，$(1, -1)$，…… を座標とする点は，どれもこの直線上に

ある。①と②は同じ関係を表しているから，この直線は，①の解を

座標とする点の集合である。

この意味で，この直線を，方程式 $2x-y-3=0$ のグラフという。

□ 2元1次方程式のグラフ

(1) 2元1次方程式 $ax+by+c=0$ のグラフは直線である。

(2) **$y=k$ のグラフは，x 軸に平行な直線である。**

(3) **$x=h$ のグラフは，y 軸に平行な直線である。**

例 $ax+by+c=0$ で，$a=0$，$b=2$，$c=-6$ の場合

$0\times x+2\times y+(-6)=0$ であるから，$y=3$

この方程式では，x が何であっても，y の値が3であれば成り立つから，解は，

$(-1, 3)$，$(0, 3)$，$(1, 3)$，…… など無数にある。

$y=3$ のグラフは，この解を座標とする点の集合だから，y 軸上の点 $(0, 3)$ を通り，

x 軸に平行な直線である。

② 連立方程式の解とグラフ

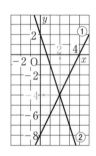

□ 連立方程式の解は，それぞれの方程式のグラフの交点の x 座標，

y 座標の組である。

例 $\begin{cases} 2x-y=8 & ……① \\ 3x+y=2 & ……② \end{cases}$ の解は，それぞれのグラフが点 $(2, -4)$

で交わるから，解は，$x=2$，$y=-4$ である。

□ 2直線の交点の座標を求めるには，2つの直線の式(方程式)を組

にした連立方程式を解けばよい。

ポイント **一問一答**

① 2元1次方程式のグラフ

(1) 2元1次方程式 $4x-3y+12=0$ のグラフをかきたい。

☐ ① 方程式を y について解き，グラフの傾き，切片を求めなさい。また，これを利用してグラフをかきなさい。

☐ ② 2元1次方程式のグラフは直線になることがわかっている。この直線と x 軸，y 軸との交点を求め，これを利用してグラフをかきなさい。

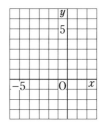

(2) 次の方程式のグラフは，それぞれどんな直線ですか。

☐ ① $3y+5=0$　　　　　　☐ ② $2x-7=0$

② 連立方程式の解とグラフ

☐ (1) 右の図の直線は $3x-2y=-6$ のグラフである。これを利用して，次の連立方程式の解を求めなさい。

① $\begin{cases} 3x-2y=-6 \\ x+y=8 \end{cases}$　　② $\begin{cases} 3x-2y=-6 \\ y=\dfrac{3}{2}x \end{cases}$

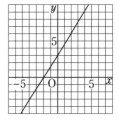

③ $\begin{cases} 3x-2y=-6 \\ y=\dfrac{3}{2}x+3 \end{cases}$

☐ (2) 直線 $3x+2y=18$ と直線 $y=3x$ の交点の座標を求めなさい。

答

① (1) ① 解… $y=\dfrac{4}{3}x+4$　傾き… $\dfrac{4}{3}$　切片… 4　グラフ…右の図

　　② x 軸との交点…$(-3,\ 0)$　y 軸との交点…$(0,\ 4)$
　　　グラフ…右の図

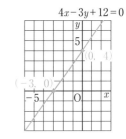
$4x-3y+12=0$

　(2) ① 点 $\left(0,\ -\dfrac{5}{3}\right)$ を通り，x 軸に平行な直線

　　② 点 $\left(\dfrac{7}{2},\ 0\right)$ を通り，y 軸に平行な直線

② (1) ① $x=2,\ y=6$　② 解はない

　　③ $3x-2y=-6$ をみたすすべての解 $\left(y=\dfrac{3}{2}x+3$ をみたすすべての解$\right)$

　(2) $(2,\ 6)$

1 〈直線の式（方程式）〉

次のそれぞれの直線の式（方程式）を求め，$ax+by+c=0$ の形で表しなさい。

(1)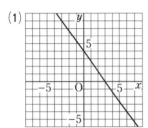

(2)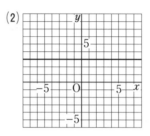

2 〈座標軸との交点・グラフ〉 ⚠️ミス注意

次のそれぞれの式のグラフで，x 軸，y 軸との交点の座標を求め，グラフをかきなさい。

(1) $x+y-3=0$

(2) $5x-3y+15=0$

(3) $3x+2y+6=0$

(4) $2x-5y-10=0$

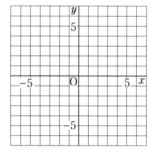

3 〈連立方程式の解とグラフ〉 🔑重要

右の図の直線は 2 元 1 次方程式 $2x-y=8$ のグラフである。これを利用して，次の連立方程式の解を求めなさい。

(1) $\begin{cases} 2x-y=8 \\ 2x+y=4 \end{cases}$

(2) $\begin{cases} 2x-y=8 \\ x-3y+6=0 \end{cases}$

(3) $\begin{cases} 2x-y=8 \\ y-6=0 \end{cases}$

(4) $\begin{cases} 2x-y=8 \\ 2x-y-3=0 \end{cases}$

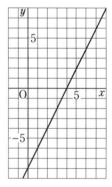

4 〈グラフの交点〉 ミス注意

A，B2つの水槽がある。現在，A には 2 L，B には 10 L の水が入っている。今から，A には毎分 0.4 L ずつ水を入れ，B からは毎分 1.2 L ずつ水を流していく。次の問いに答えなさい。

(1) 今から x 分後の A，B の水槽の水量を y L として，それぞれの y を x の式で表しなさい。

(2) (1)で求めた x，y の関係を表す式のグラフをかくとき，その交点の座標を求めなさい。

(3) (2)で求めた交点の x 座標，y 座標は，それぞれどんなことを表しますか。

5 〈点の移動とグラフ〉 重要

右の図のような長方形 ABCD において，AB＝20 cm，AD＝10 cm，点 M は辺 AB の中点である。
点 P が M を出発して，辺上を B，C，D を通って A まで動くとき，P が移動した長さを x cm，△APB の面積を y cm² とする。ただし，P が辺 AB 上にあるときは，面積 0 の三角形と考えるものとして，次の問いに答えなさい。

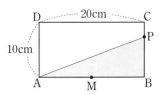

(1) 点 P が M，B，C，D，A にあるときの x，y の値の組 (x, y) を求めなさい。

(2) x と y の関係を表すグラフをかきなさい。

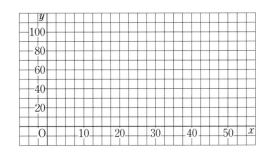

 ヒント

1 (2) x 軸と平行 ⟶ $y＝k$

3 2つのグラフの交点の座標が，連立方程式の解。

4 (2) (1)の式を組にした連立方程式の解を求める。

5 (2) 点 P が辺 CD 上にある ⟶ △APB の面積は一定

1 〈直線の式（方程式）〉⚠️ミス注意

右の①～③の直線の式（方程式）を求め，
$ax+by+c=0$ の形で表しなさい。

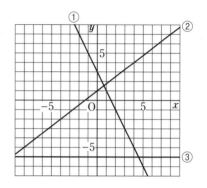

2 〈2元1次方程式のグラフ〉●重要

次の方程式のグラフをかきなさい。

(1) $2x-3y-6=0$　　　　　(2) $5x+4y-12=0$

(3) $2y-8=0$　　　　　　(4) $3x=-9$

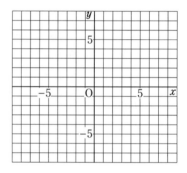

3 〈平行な直線〉⚠️ミス注意

下のア～キの方程式について，次の問いに答えなさい。

ア　$y=0$　　　　イ　$2x+3y-1=0$　　ウ　$2x+3y=6$

エ　$5x-3y+15=0$　　オ　$3y=6$　　　　カ　$5x+3y-15=0$

キ　$5x=3y$

(1) 方程式をグラフで表すとき，平行の関係になる組を，記号で答えなさい。

(2) 方程式をグラフで表すとき，原点を通るものを，記号で答えなさい。

4 〈直線の方程式・座標軸との交点の座標〉 🏠がつく

次の4つの方程式のグラフは，右の図の直線①〜④のどれか
1つである。直線③と④は平行である。

$ax + by + 12 = 0$ ……（ア）

$ax + by = 0$　　……（イ）

$px + qy + r = 0$ ……（ウ）

$px + 2y + b = 0$ ……（エ）

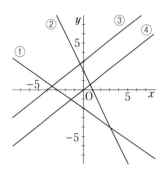

(1) 方程式の係数 a, b, p, q, r の値を求めなさい。

(2) 直線①と②の交点の座標を求めなさい。

5 〈グラフの交点と面積〉

次の3つの方程式のグラフをかき，それぞれの交
点を頂点とする三角形の面積を求めなさい。ただ
し，方眼の1目もりを 1cm とする。

㋐ $3x + 2y = 8$

㋑ $x - 4y = 12$

㋒ $2x - y = -4$

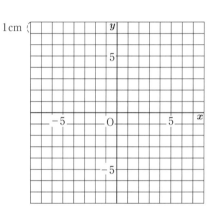

6 〈交点を通る直線〉 🔑重要

次の問いに答えなさい。

(1) 直線 $ax - y + 4 = 0$ が，2直線 $x + y = 3$，$3x - 2y = -1$ の交点を通るとき，定数 a の値を求
めなさい。

(2) 3直線 $x - y = 1$，$x + y = b$，$x + 3y = 9$ が1点で交わるような，定数 b の値を求めなさい。

(3) 3直線 $x + 2y + 1 = 0$，$2x - y - 3 = 0$，$4x - 7y - a = 0$ によって，三角形ができないような定
数 a の値を求めなさい。

(4) 2点 A $(1, -1)$，B $(2, 1)$ がある。直線 $ax - y + 3 = 0$ が線分 AB と交点をもつのは，定数
a がどんな値をとるときですか。

7 〈点の移動とグラフ〉 **重要**

右の図のような台形 ABCD において，AD＝3cm，BC＝6cm，
AB＝2cm である。

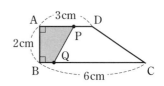

点 P が D を，点 Q が B を同時に出発し，点 P は辺 DA 上を
1往復し，点 Q は辺 BC 上を C まで，どちらも毎秒 1cm の速
さで動く。点 P，Q が動きはじめてから x 秒後の4点 A，B，Q，
P を結んでできる図形の面積を y cm² として，次の問いに答え
なさい。

(1) 1秒後，4秒後の y の値を求めなさい。

(2) x の変域が $3 \leqq x \leqq 6$ のとき，y を x の式で表しなさい。

(3) x，y の関係を表すグラフをかきなさい。

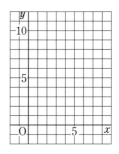

(4) 四角形 ABQP の面積が，台形 ABCD の面積の $\dfrac{1}{2}$ になるのは何秒
後ですか。

8 〈直線上の動点の座標〉 ⚠ **ミス注意**

3点 A (0，2)，B (−4，0)，C (2，0) を頂点とする △ABC と
点 D (1，0) がある。また，点 E は辺 AB 上を移動する点である。
次の問いに答えなさい。

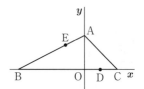

(1) 直線 AB の式を求めなさい。

(2) 点 E から BC に垂線 EP をひくとき，EP＝PD となる点 E の座標を求めなさい。

(3) 直線 DE が △ABC の面積を2等分する点 E の座標を求めなさい。

9 〈グラフの利用①〉

Aさんは9時ちょうどに家を出発して，家から2400m離れた公園へ分速60mの速さで歩いて行った。Aさんの歩く速さは一定として，次の問いに答えなさい。

(1) 9時x分における家からの距離をymとして，xとyの関係を式に表し，xの変域もいいなさい。

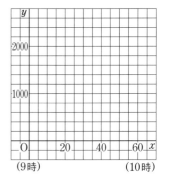

(2) xとyの関係を表すグラフをかきなさい。

(3) Aさんが家を出発してから20分後に，Aさんの弟が自転車で家を出発し，分速180mで公園にむかった。

① Aさんの弟について，xとyの関係を表すグラフをかきなさい。

② 弟がAさんに追いついた時刻と場所を求めなさい。

10 〈グラフの利用②〉 🔑重要

右の図は，A君が自転車でとなり町まで行き，用事をすませて帰ってくるまでのようすを，出発後の時間をx時間，家からの距離を$y$kmとしてグラフに表したものである。自転車の速さは一定として，次の問いに答えなさい。

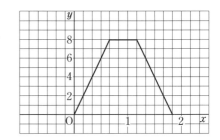

(1) A君の自転車の速さは時速何kmですか。

(2) xとyの関係を，xの変域を分けて式に表しなさい。

(3) A君のとなりに住むB君は，A君が出発する30分前に家を出て，同じ道を，時速4kmの速さで歩いて，となり町に向かっていた。

① 上の図に，B君の進行のようすをかき加えなさい。また，その式を求めなさい。

② A君は行きにB君を追いこし，帰りにB君に出会う。それは，A君が出発してから何分後と何分後ですか。また，追いこす時間と出会う時間はグラフ上でどのように表されますか。

実力アップ問題

1 1次関数 $y = -\dfrac{2}{3}x + 4$ について，次の問いに答えなさい。　　　　〈4点×4〉

(1) $x = 2$ に対応する y の値を求めなさい。

(2) x の値が4だけ増加したときの y の増加量を求めなさい。

(3) x の値がどれだけ増加するとき，y は6だけ増加しますか。

(4) x の変域が $-3 \leqq x \leqq 6$ のとき，y の変域を求めなさい。

(1)		(2)		(3)		(4)	

2 次のような1次関数を求め，$y = ax + b$ の形の式で答えなさい。　　　　〈4点×4〉

(1) 変化の割合が3で，$x = 0$ のとき $y = -2$ である。

(2) x が3増加するとき y は -4 だけ増加し，$x = 3$ のとき $y = -1$ である。

(3) グラフが，2点 $(2, -4)$，$(-2, -6)$ を通る。

(4) グラフが点 $(3, -7)$ を通り，$y = -5x + 3$ のグラフに平行である。

(1)		(2)		(3)		(4)	

3 次の問いに答えなさい。　　　　〈6点×2〉

(1) 右の図の直線の式を求めなさい。

(2) 右の図の直線と y 軸について対称な直線の式を求めな
さい。

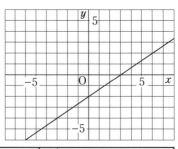

(1)		(2)	

4 右の図のような直方体の水槽に，深さ 30 cm まで水が入っている。この水槽に，さらに毎分 100 L の割合で，いっぱいになるまで水を入れていく。水を入れはじめてから x 分後の水の深さが y cm になるとして，次の問いに答えなさい。　〈6点×3〉

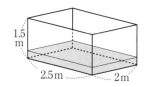

(1) y を x の式で表し，x の変域もいいなさい。

(2) 水を入れはじめてから 30 分後の水の深さは何 cm ですか。

(3) 水槽の水が 5 kL になるのは，水を入れはじめてから何分後ですか。

(1)		(2)		(3)	

5 次のア〜ウの2元1次方程式について，下の問いに答えなさい。　〈5点×6〉

　　ア　$2x-y+3=0$　　イ　$3x-4y-8=0$　　ウ　$x+2y-6=0$

(1) 右の図にア〜ウのグラフをかき入れ，それぞれア，イ，ウで示しなさい。

(2) 直線アとイの交点を A，直線イとウの交点を B，直線ウとアの交点を C として，A，B，C の座標を求めなさい。

(3) 直線 $y=x+n$ を考える。

　① この直線が交点 A を通るのは，n がどんな値をとるときですか。

　② この直線が △ABC と交点をもつような n の値の範囲を求めなさい。

(4) 直線 $y=mx+5$ を考える。

　① この直線が交点 B を通るのは，m がどんな値をとるときですか。

　② この直線が △ABC と交点をもたないような m の値の範囲を求めなさい。

(1)	図	(2)	A		B		C	
(3)	①		②		(4)	①		②

6 次の各組の2直線の交点が一致するとき，a，b の値を求めなさい。　〈8点〉

$\begin{cases} y=3x-5 \\ y=ax+15 \end{cases}$ 　　$\begin{cases} 3x+y=b \\ 2x-5y+1=0 \end{cases}$

4章
平行と合同

❼平行線と角，多角形の角

重要ポイント

① 対頂角

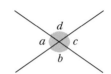

☐ **対頂角**…右の図のように2直線が交わってできる角のうち，
∠a と ∠c，∠b と ∠d のような位置関係にある2つの角。

☐ 対頂角は等しい。∠a＝∠c，∠b＝∠d

② 平行線と角

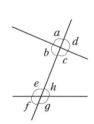

☐ **同位角**…右の図で，∠a と ∠e，∠b と ∠f，∠c と ∠g，
∠d と ∠h のような位置関係にある2つの角。

☐ **錯角**…∠b と ∠h，∠c と ∠e のような位置関係にある2つの角。

☐ 平行線の性質…平行な2直線に1つの直線が交わるとき，
　　①同位角は等しい。　②錯角は等しい。

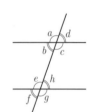

☐ 平行線になるための条件…2直線に1つの直線が交わるとき，
次のどちらかが成り立てば，それらの2直線は平行である。
　　①同位角が等しい。　②錯角が等しい。

③ 三角形の角

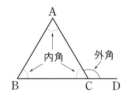

☐ **内角・外角**…△ABCの ∠A，∠B，∠Cを三角形の内角と
いう。また，1つの辺の延長ととなりの辺のつくる角を外
角という。

☐ 三角形の3つの内角の和は180°である。

☐ 三角形の1つの外角は，それととなり合わない2つの内角
の和に等しい。

　例 右の図で，∠ACD＝∠A＋∠B

☐ 三角形の種類…0°より大きく90°より小さい角を**鋭角**，90°より大きく180°より小
さい角を**鈍角**という。三角形は，いちばん大きい角が鋭角か，直角か，鈍角かによって，
それぞれ鋭角三角形，直角三角形，鈍角三角形という。

④ 多角形の角

☐ n角形の内角の和は　$180° \times (n-2)$

☐ n角形の外角の和は　$360°$

48

テストではココがねらわれる

- 対頂角や平行線の性質は，角の計算などでよく使うので確実に覚えておく。
- 多角形の角の和も角の計算の基本となる。
- 平行線になるための条件も，よく理解しておこう。

ポイント 一問一答

①対頂角

右の図で，次の角の大きさを求めなさい。

□ (1) ∠a　　□ (2) ∠b

□ (3) ∠c

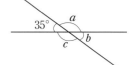

②平行線と角

右の図で，$\ell /\!/ m$ である。次の角の大きさを求めなさい。

□ (1) ∠g　　□ (2) ∠d

□ (3) ∠e　　□ (4) ∠c

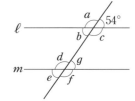

③三角形の角

右の図で，点Dは三角形の辺BCの延長上の点で，∠ECD＝∠Bである。

□ (1) 直線ABとECの位置関係をいいなさい。

□ (2) ∠ACD＝∠A＋∠Bであることを示しなさい。

④多角形の角

右の図の∠xの大きさを求めなさい。

□ (1)

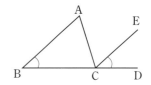

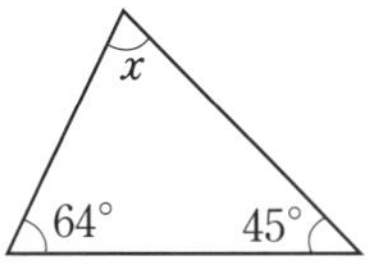

□ (2)

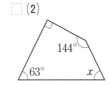

答

① (1) 145°　(2) 35°　(3) 145°

② (1) 54°　(2) 126°　(3) 54°　(4) 126°

③ (1) AB∥EC

(2) ∠ECD＝∠B　同位角が等しいので，AB∥EC

よって，∠ACE＝∠A（平行線の錯角）　ゆえに，∠ACD＝∠ACE＋∠ECD＝∠A＋∠B

④ (1) 71°　(2) 63°

1 〈対頂角〉

次の図で，x，y，z の値を求めなさい。

(1)
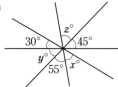

(2)

(3)
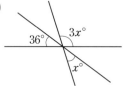

2 〈平行線と角，平行線になるための条件〉 ●重要

次の問いに答えなさい。

(1) 右の図で，$\ell \mathbin{/\mkern-5mu/} m$ であるとき，$\angle a + \angle b = 180°$ であることを示しなさい。

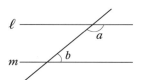

(2) 右の図のように，2直線 ℓ，m に1直線が交わるとき，$\angle a + \angle b = 180°$ ならば，$\ell \mathbin{/\mkern-5mu/} m$ といえますか。

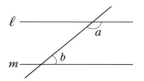

3 〈平行線の性質〉 ⚠ ミス注意

次の図で $\ell \mathbin{/\mkern-5mu/} m$ のとき，$\angle x$，$\angle y$ の大きさを求めなさい。

(1)
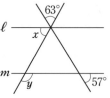

(2)
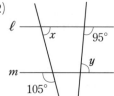

(3)
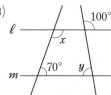

4 〈平行線になるための条件〉
次の問いに答えなさい。

(1) 3つの直線 ℓ，m，n について，次の関係が成り立つ。

$\ell/\!/m$，$\ell/\!/n$ ならば $m/\!/n$

このわけを，右の図の角の関係を使って説明しなさい。

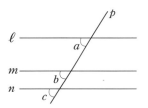

(2) 右の図の直線 $a \sim f$ のうち，平行の関係
になる直線の組をすべていいなさい。

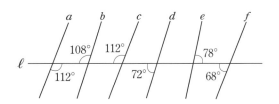

5 〈三角形の角〉 ⚠ミス注意
次の図で，$\angle x$ の大きさを求めなさい。

(1)
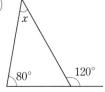

(2)
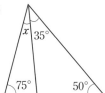

(3)
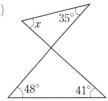

6 〈多角形の角〉 🔑重要
次の図で，$\angle x$ の大きさを求めなさい。

(1)

(2)

(3)
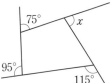

7 〈正多角形の角〉 🔑重要
正五角形の1つの内角の大きさと，1つの外角の大きさを求めなさい。

 ヒント

1 対頂角は等しい。
4 (2) 同位角または錯角が等しいものは平行である。
5 三角形の1つの外角は，それととなり合わない2つの内角の和に等しい。
6 7 n 角形の内角の和 ⟶ $180° \times (n-2)$，外角の和 ⟶ $360°$

1 〈平行線と角〉 🔴重要

次の図で $\ell /\!/ m$ のとき，$\angle x$，$\angle y$ の大きさを求めなさい。

(1)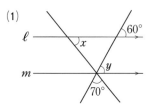

(2)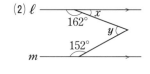

(3)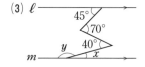

2 〈平行線になるための条件〉

右の図で，平行の関係になる線分の組をすべていいなさい。

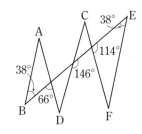

3 〈平行線の性質〉 ⚠️ミス注意

右の図で，AB∥CD である。AB 上の点を P，CD 上の点を
Q とし，∠BPQ の二等分線と ∠PQD の二等分線の交点を R
とする。また，∠APQ の二等分線と CD の交点を S とする。
次のそれぞれの問いに答えなさい。

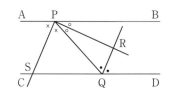

(1) ∠PRQ の大きさを求めなさい。

(2) PS∥RQ である。その理由を説明しなさい。

4 〈三角形の角〉

右の図で，点 E は △ABC の辺 CA の延長上の点である。

∠BAD＝a°，∠ADC＝b°，∠C＝c°，∠BAE＝x° とするとき，

x を a, b, c を用いて表しなさい。

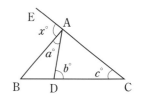

5 〈三角形の性質〉 🏠がつく

右の図のように，△ABC の内角 ∠B，∠C の二等分線の交点を

P とする。

∠A＝a° として，∠BPC の大きさを a を使って表しなさい。

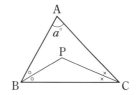

6 〈多角形の角〉 🔑重要

次の問いに答えなさい。

(1) 次の図の ∠x の大きさを求めなさい。

①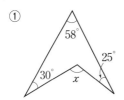

②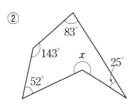

(2) 右の図で，∠A＋∠B＋∠C＋∠D＋∠E の大きさを求めなさい。

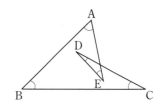

7 〈正多角形の角〉 🔑重要

次のような正多角形は，正何角形ですか。

(1) 内角の和が 1260° の正多角形

(2) 1つの外角の大きさが 30° の正多角形

(3) 1つの内角の大きさが 165° の正多角形

⑧図形の合同

重要ポイント

① 合同な図形

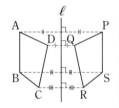

☐ **合同**…一方を移動させて他方にぴったり重ね合わせることができる2つの図形を合同であるといい、記号≡を使って表す。

右の図で、四角形 PSRQ は、四角形 ABCD を直線 ℓ を対称の軸として対称移動させたものだから、

　　四角形 ABCD≡四角形 PSRQ

☐ 合同な図形の性質

①対応する線分の長さは等しい。 例 上の図で、AB＝PS

②対応する角の大きさは等しい。 例 上の図で、∠ABC＝∠PSR

② 三角形の合同条件

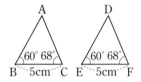

☐ 三角形の合同条件

① 3組の辺がそれぞれ等しい。

② 2組の辺とその間の角がそれぞれ等しい。

③ 1組の辺とその両端の角がそれぞれ等しい。

例 上の図の2つの三角形では、1組の辺とその両端の角がそれぞれ等しいから、

　　△ABC≡△DEF

③ 三角形の合同条件の使い方

☐ **証明**…すでに正しいと認められたことがらを根拠にして、あることがらが成り立つことを明らかにすること。

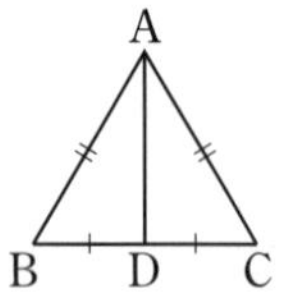

例 AB＝ACである三角形ABCがある。辺BCの中点をDとするとき、∠B＝∠C、∠BAD＝∠CADであることを証明しなさい。

　　(証明)△ABD と △ACD で、仮定より、AB＝AC、BD＝CD　また、AD＝AD

　　　　3組の辺がそれぞれ等しいので、△ABD≡△ACD

　　　　対応する角の大きさは等しいから、∠B＝∠C、∠BAD＝∠CAD

☐ **仮定と結論**…「a ならば b である」の a の部分を**仮定**、b の部分を**結論**という。

例 上の例で、仮定は「AB＝AC、BD＝CD」、結論は「∠B＝∠C、∠BAD＝∠CAD」

ポイント 一問一答

① 合同な図形

右の図の2つの四角形は，ぴったり重ね合わせることができる。

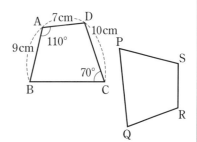

□ (1) 2つの四角形の関係を記号を使って表しなさい。

□ (2) ∠R の大きさを求めなさい。

□ (3) PS の長さを求めなさい。

② 三角形の合同条件

右の図で，点 E は線分 AC，BD の中点である。

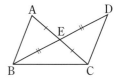

□ (1) 合同な三角形を記号 ≡ を使って表しなさい。

□ (2) 三角形のどの合同条件によって合同といえますか。

③ 三角形の合同条件の使い方

□ 右の図で，点 O は線分 AB，CD の中点である。

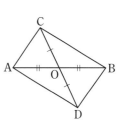

AC＝BD であることを証明した次の文の〔　〕にあてはまるものを入れなさい。

(仮定) AO＝BO，CO＝〔①　　　〕

(結論) AC＝BD

(証明) △AOC と △BOD で，

　　　仮定より　AO＝BO，CO＝〔②　　　〕
　　　対頂角は等しいから　∠AOC＝〔③　　　〕
　　　〔④　　　〕がそれぞれ等しいので，△AOC≡〔⑤　　　〕
　　　対応する〔⑥　　　〕は等しいから　AC＝BD

 答

① (1) 四角形 ABCD≡四角形 RQPS　(2) 110°　(3) 10 cm

② (1) △ABE≡△CDE　(2) 2組の辺とその間の角がそれぞれ等しい

③ ① DO　② DO　③ ∠BOD　④ 2組の辺とその間の角　⑤ △BOD　⑥ 辺の長さ

1 〈合同な図形〉

右の2つの四角形は合同である。次の問いに答えなさい。

(1) 辺 AB，AD，FG，GH の長さを求めなさい。

(2) ∠A，∠D，∠F，∠G，∠H の大きさを求めなさい。

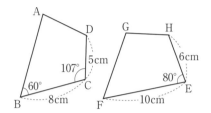

2 〈三角形の合同と合同条件〉 **重要**

次の図の中で合同な三角形をみつけ，記号 ≡ を使って表しなさい。また，そのときに使った合同条件をいいなさい。

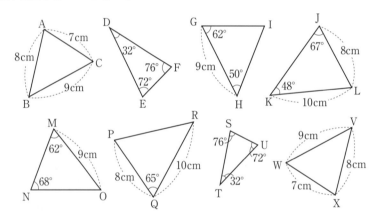

3 〈三角形の合同条件〉 ⚠ ミス注意

次の(1)，(2)で，あと1つどのようなことがいえると，△ABC≡△DEF がいえますか。

(1) AB＝DE，BC＝EF

(2) ∠A＝∠D，∠B＝∠E

4 〈合同であることの証明〉 **重要**

右の図のように，長方形の紙 ABCD を対角線 AC で折り重ねる。△ABC が重なる三角形を △AEC，辺 AD と EC の交点を F とするとき，△AEF≡△CDF であることを証明しなさい。

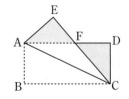

5 〈仮定と結論〉 ⚠️ ミス注意

次のそれぞれのことがらの仮定と結論をいいなさい。

(1) ある数が自然数ならば，その数は整数である。

(2) 2つの三角形が合同ならば，その面積は等しい。

(3) 正三角形は鋭角三角形である。

(4) 6の倍数は3の倍数である。

6 〈証明の進め方〉 🔑重要

△ABCで，辺BCの中点をDとする。点Dから辺CA，BAにそれぞれ平行な直線をひき，辺AB，ACとの交点をそれぞれE，Fとする。このとき，△EBD≡△FDCとなる。

これについて，次の問いに答えなさい。

(1) 仮定にあう図を，右の図にかき入れなさい。

(2) 図の記号を使って，仮定と結論をいいなさい。

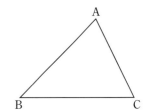

(3) 次の〔　〕をうめて，証明を完成させなさい。

　　(証明) △EBDと△FDCで，

　　　　　DE∥CAなので，〔①　　　　〕は等しいから，〔②　　　　〕

　　　　　DF∥BAなので，〔③　　　　〕は等しいから，〔④　　　　〕

　　　　　また，仮定より〔⑤　　　　〕

　　　　　〔⑥　　　　〕がそれぞれ等しいので，△EBD≡△FDC

ヒント

1 合同な図形では，対応する辺の長さ，対応する角の大きさは等しい。

3 図をかいて考える。答えは1通りではない。

4 折り返しているので，AE＝AB，∠E＝∠B。

5 (1)(2)「aならばb」のaの部分が仮定，bの部分が結論。

1 〈合同な図形〉

右の図で，△OAB≡△OCD である。次の問いに答えなさい。

(1) ∠BOD＝∠AOC であることを証明しなさい。

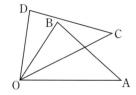

(2) AB の延長と CD の交点を E とするとき，∠AEC＝∠BOD であることを証明しなさい。

2 〈作図の証明〉 ●重要

右の図は，∠AOB の二等分線を作図したものである。

(1) この作図の方法を簡単に説明しなさい。

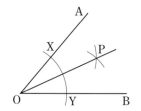

(2) この作図が正しいことを，三角形の合同条件を使って証明しなさい。

3 〈証明の進め方〉 ⚠ミス注意

平行な 2 直線 ℓ，m 上の点をそれぞれ A，B とし，線分 AB の中点を O とする。O を通る直線 n と ℓ，m との交点をそれぞれ P，Q とするとき，OP＝OQ である。

次の問いに答えなさい。

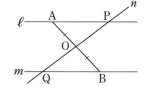

(1) 仮定と結論を，図の記号を使って表しなさい。

(2) OP＝OQ であることを証明しなさい。

4 〈線分の長さが等しいことの証明〉 **○重要**

AD∥BCである台形ABCDにおいて，辺CDの中点をEとし，

AEの延長とBCの延長との交点をFとする。

このとき，AD＝FCであることを証明しなさい。

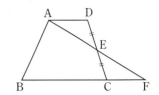

5 〈証明する問題①〉

右の図のように2つの正方形ABCD，CEFGがある。この

とき，BG＝DEであることを証明しなさい。

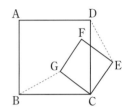

6 〈証明する問題②〉 **差がつく**

右の図で，OPは∠XOYの二等分線である。OP上の点をQ

とし，Qを通る線分をAB，DCとする。いま，OA＝ODと

すると，AB＝DCである。

次の順序で考えて，これを証明しなさい。

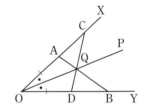

(1) 結論AB＝DCを導くには，どの三角形とどの三角形の合同

を示せばよいか。

また，その三角形の合同を示すには，どのような条件が成り立つ必要があるか。

(2) (1)で考えた条件のうち，仮定から導けるものを予想し，適切な2つの三角形の合同を示すこ

とによって，それを導きなさい。

(3) (2)の結果を用いて，(1)で考えた三角形の合同を示し，結論を導きなさい。

7 〈証明する問題③〉 **○重要**

右の図で，AC＝BD，AD＝BCである。ADとBCの交点

をOとするとき，OA＝OB，OC＝ODである。

結論を導く順序を考えて，これを証明しなさい。

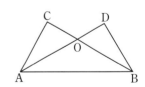

実力アップ問題

1 次の図で，$\ell /\!/ m$ のとき，$\angle x$ の大きさを求めなさい。　　　　〈5点×3〉

(1)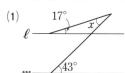

(2)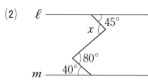

(3)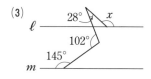

2 次の図で，$\angle x$ の大きさを求めなさい。　　　　〈5点×3〉

(1)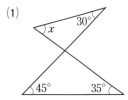

(2)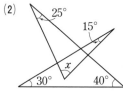

(3)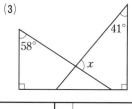

(1)		(2)		(3)	

3 右の図の四角形 ABCD で，$\angle A = 150°$，$\angle C = 60°$ である。また，BP，DP は $\angle B$，$\angle D$ を，$\angle ABP : \angle CBP = 2 : 1$，$\angle ADP : \angle CDP = 2 : 1$ となるように分ける線分である。このとき，線分 BP，DP の作る角の大きさ $x°$ を求めなさい。

〈10点〉

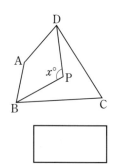

4 1つの内角の大きさが 156° である正多角形がある。　　　　〈5点×2〉

(1) この正多角形は正何角形か答えなさい。

(2) この正多角形の対角線の数を求めなさい。

(1)		(2)	

5 右の図のように，線分 AB 上の点を C とする。線分 AB について同じ側に，AC，CB をそれぞれ 1 辺とする正三角形 ACD，CBE を作り，線分 AE，BD の交点を F とする。次の問いに答えなさい。〈10点×2〉

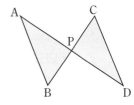

(1) △ACE≡△DCB であることは，合同条件のどれによるものか答えなさい。

(2) ∠AFD の大きさを求めなさい。

(1)		(2)	

6 右の図で，AB∥CD，AB＝CD である。線分 AD と BC の交点を P とするとき，AP＝DP，BP＝CP であることを証明しなさい。

〈10点〉

7 右の図で，AB＝AC である。
また，点 D，E はそれぞれ線分 AB，AC の中点で，F は線分 BE，CD の交点である。
次の問いに答えなさい。〈10点×2〉

(1) ∠B＝∠C であることを証明しなさい。

(2) BF＝CF，DF＝EF であることを証明しなさい。

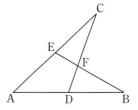

(1)	
(2)	

❾三角形

重要ポイント

① 二等辺三角形

- ☐ **二等辺三角形**…2辺が等しい三角形。
- ☐ **定義**…上のように，ことばの意味をはっきりと述べたもの。
- ☐ **定理**…証明されたことがらのうち，大切なもの。定理は図形の性質を証明するときの根拠として使われる。
- ☐ 二等辺三角形の性質
  - ① 二等辺三角形の2つの底角は等しい。
  - ② **二等辺三角形の頂角の二等分線は，底辺を垂直に2等分する。**
- ☐ 二等辺三角形になるための条件…2つの角が等しい三角形は，二等辺三角形である。
- ☐ **逆**…あることがらの仮定と結論を入れかえたものを，もとのことがらの逆という。あることがらが成り立っても，その逆が成り立つとは限らない。

a ならば，b

↕逆

b ならば，a

② 正三角形

- ☐ **正三角形**…3つの辺が等しい三角形。

  正三角形は二等辺三角形の特別なものであるから，正三角形は二等辺三角形の性質をすべてもっている。
- ☐ 正三角形の3つの角は等しい。1つの角の大きさは$60°$である。

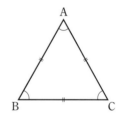

③ 直角三角形の合同条件

- ☐ **直角三角形**…1つの角が直角である三角形のこと。

  残りの2つの角はどれも鋭角である。また，直角三角形の**直角に対する辺を斜辺**という。
- ☐ 直角三角形の合同条件
  - ① 斜辺と1つの鋭角がそれぞれ等しい。
  - ② 斜辺と他の1辺がそれぞれ等しい。

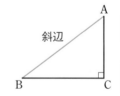

●線分が等しいことの証明は，合同な三角形の対応する辺であること，二等辺三角形の等しい
　辺であることを示せばよい場合が多い。
●直角三角形の合同条件も，しっかり覚えておこう。

ポイント 一問一答

① 二等辺三角形

□「△ABC で，∠ABC ＝ ∠ACB ならば AB ＝ AC である」ことを次のように証明した。

〔 　〕にあてはまるものを入れなさい。

（証明）∠A の二等分線と辺 BC の交点を D とする。

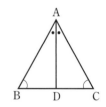

　　　　△ABD と △ACD で，

　　　仮定より　　∠BAD ＝〔⑦　　　　〕……①

　　　　　　　　　∠ABD ＝ ∠ACD　　　……②

　　　三角形の内角の和は 180° なので，①，②から

　　　∠ADB ＝〔④　　　　〕……③　　また，AD ＝ AD ……④

　　　①，③，④から〔⑦　　　　〕がそれぞれ等しいので

　　　△ABD〔⑤　　　　〕△ACD　　したがって，AB ＝ AC

② 正三角形

次の二等辺三角形はどのような三角形かいいなさい。

□(1) 頂角が 60° の二等辺三角形
□(2) 底角が 60° の二等辺三角形

③ 直角三角形の合同条件

□次の図で，合同な直角三角形の組を記号 ≡ を使って表し，そのときに使った直角三角
　形の合同条件をいいなさい。

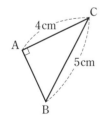
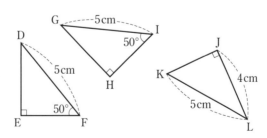

答
　①⑦ ∠CAD　④ ∠ADC　⑦ 1 組の辺とその両端の角　⑤ ≡
　②(1) 正三角形　(2) 正三角形
　③合同な組…△ABC ≡ △JKL　合同条件…斜辺と他の 1 辺がそれぞれ等しい。
　　合同な組…△DEF ≡ △GHI　合同条件…斜辺と 1 つの鋭角がそれぞれ等しい。

1 〈二等辺三角形の性質①〉
次の図の x, y の値を求めなさい。

(1)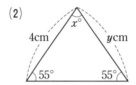

(2)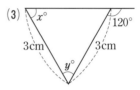

(3)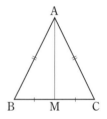

2 〈二等辺三角形の性質②〉
AB＝AC の二等辺三角形 ABC で，底辺 BC の中点を M とする。
A と M を結ぶとき，AM⊥BC，∠BAM＝∠CAM である。これ
を証明しなさい。

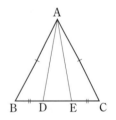

3 〈二等辺三角形になるための条件〉 ●重要
右の図のように，AB＝AC の二等辺三角形 ABC の底辺 BC 上に，
BD＝CE となるように点 D，E をとる。△ADE は二等辺三角形
であることを証明しなさい。

4 〈正三角形の性質〉 ●重要
右の図は，正三角形 ABC の∠A，∠B の二等分線の交点を G と
したものである。GA＝GB であることを証明しなさい。

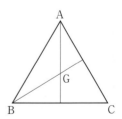

5 〈定理の逆〉 ⚠ ミス注意

次のことがらの逆をいいなさい。また，それが正しいかどうかもいいなさい。

(1) △ABC で，AB＝AC ならば，∠B＝∠C である。

(2) 正三角形は二等辺三角形である。

6 〈作図と証明〉

右の図は，直線 XY 上にない点 P から，XY への垂線 PQ をひく作図の方法を示したものである。この作図の方法の正しいことを，次の(1)～(3)の順で証明した。(1)は証明をし，(2)，(3)は〔　　　〕にあてはまることばを入れなさい。

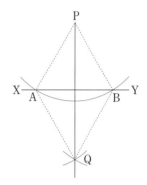

(1) △PAQ≡△PBQ であることを証明しなさい。

(2) (1)より，PQ は，∠APB の〔　　　　〕であることがわかる。

(3) 二等辺三角形の頂角の二等分線は，〔　　　　〕であるから，PQ⊥AB である。

7 〈直角三角形の合同条件の利用〉 ⚡ 重要

右の図のような AB＝AC の二等辺三角形 ABC で，B，C からそれぞれ辺 AC，AB に垂線 BD，CE をひく。このとき，BE＝CD であることを証明しなさい。（仮定と結論，証明のすべてを書くこと。）

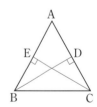

 ヒント

2 △ABM≡△ACM を証明する。

5 あることがらが正しくても，その逆が正しいとは限らない。

6 (1) 作図より，PA＝PB，AQ＝BQ

7 直角三角形 EBC≡直角三角形 DCB を証明する。

1 〈二等辺三角形・正三角形の角〉⚠️ミス注意

次の図で，x，yの値を求めなさい。

(1) △ABC は正三角形，AD∥BC

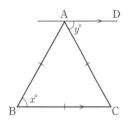

(2) AB＝BC，∠ACD＝∠BCD

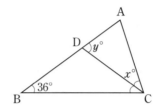

(3) △ABC，△ADE は正三角形

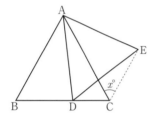

(4) △ABC は正三角形，BD＝CE

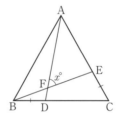

2 〈二等辺三角形になるための条件〉🔑重要

∠A＝90° である △ABC がある。A から斜辺 BC にひいた垂線が BC と交わる点を D とし，∠B の二等分線が AD，AC と交わる点をそれぞれ E，F とする。このとき，△AEF は二等辺三角形であることを証明しなさい。

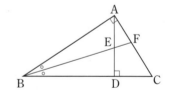

3 〈二等辺三角形と証明①〉

BC は円 O の直径で，A が円 O の周上にある。このとき，∠BAC は 90° であることを証明しなさい。

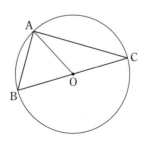

4 〈二等辺三角形と証明②〉

右の図で，AB＝AC，DB＝DC である。

(1) ∠BAD＝∠CAD であることを証明しなさい。

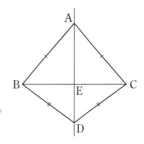

(2) (1)より，AD が線分 BC の垂直二等分線であることを証明しなさい。

5 〈二等辺三角形の性質〉

右の図で，BE＝ED＝DF である。

∠B＝$a°$ のとき，∠CDF を a を使った式で表しなさい。

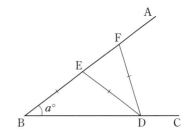

6 〈正三角形と証明①〉 🔑重要

右の図で，△ABC，△ADE は正三角形である。

このとき，BD＝CE であることを証明しなさい。

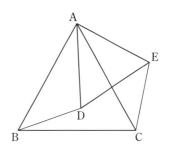

7 〈正三角形と証明②〉 🔑重要

△ABC の 2 辺 AB，AC をそれぞれ 1 辺とする正三角形 ABP，ACQ を，右の図のように △ABC の外側につくる。このとき，PC＝BQ であることを証明しなさい。

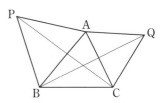

8 〈直角三角形の合同と合同条件〉 🔒重要

次の図の中で合同な直角三角形を見つけ，記号 ≡ を使って表しなさい。また，そのときに使った直角三角形の合同条件をいいなさい。

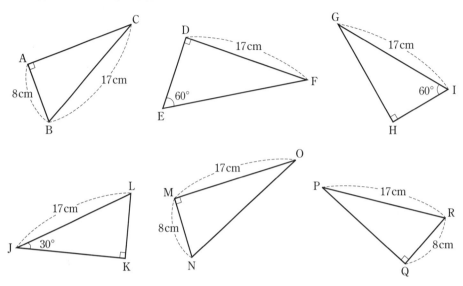

9 〈直角三角形の合同①〉

右の図の三角形 ABC で，点 M は辺 BC の中点である。頂点 B，C から直線 AM にそれぞれ垂線 BP，CQ をひく。このとき，BP＝CQ であることを証明しなさい。

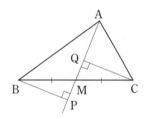

10 〈直角三角形の合同②〉 🔒重要

右の図で，△ABC は AB＝AC の二等辺三角形である。頂点 B，C から辺 AC，AB にそれぞれ垂線 BD，CE をひくとき，AE＝AD であることを証明しなさい。

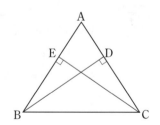

11 〈直角三角形の合同条件の利用①〉

右の図の △ABC で，点 M は辺 BC の中点である。点 M から 2 辺 AB，AC にそれぞれ垂線 MD，ME をひく。MD＝ME であるとき，△ABC は二等辺三角形であることを証明しなさい。

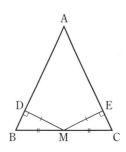

12 〈直角三角形の合同条件の利用②〉 ⚠ミス注意

右の図で，∠XOY の内部の点 P から，2 辺 OX，OY に垂線 PH，PK をひく。PH＝PK であるとき，OP は ∠XOY を 2 等分することを証明しなさい。

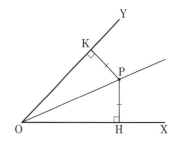

13 〈直角三角形の合同条件の利用③〉 🏠差がつく

右の図で，△ABC の ∠B と ∠C の二等分線の交点を I とする。I から 3 辺に垂線をひいて，AB，BC，CA との交点をそれぞれ D，E，F とするとき，次の問いに答えなさい。

(1) ID＝IE であることを証明しなさい。

(2) I と A を結ぶ線分 IA は ∠BAC を 2 等分することを証明しなさい。

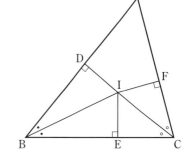

14 〈直角三角形の合同条件の利用④〉

右の図で，∠DBC＝∠ACB のとき，AE＝DE であることを証明しなさい。

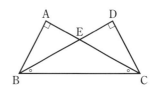

⑩平行四辺形

重要ポイント

① 平行四辺形

□ **対辺**…四角形の向かい合う辺のこと。

□ **対角**…四角形の向かい合う角のこと。

□ **平行四辺形**…2組の対辺がそれぞれ平行な四角形を平行四辺形という。平行四辺形 ABCD を □ABCD と表す。

□ 平行四辺形の性質　① 2組の対辺はそれぞれ等しい。

　　　　　　　　　　② 2組の対角はそれぞれ等しい。

　　　　　　　　　　③ 対角線はそれぞれの中点で交わる。

□ 平行四辺形になるための条件

① 2組の対辺がそれぞれ平行である。　② 2組の対辺がそれぞれ等しい。

③ 2組の対角がそれぞれ等しい。　　　④ 対角線がそれぞれの中点で交わる。

⑤ 1組の対辺が等しくて，平行である。

② 特別な平行四辺形

□ 長方形，ひし形，正方形は，すべて平行四辺形の特別なもので，平行四辺形のもつ性質をすべてもっている。また，正方形は長方形とひし形の両方の性質をもっている。

□ 対角線についての性質　① 長方形の対角線の長さは等しい。

　　　　　　　　　　　　② ひし形の対角線は垂直に交わる。

　　　　　　　　　　　　③ 正方形の対角線は長さが等しく，垂直に交わる。

□ **反例**…あることがらが成り立たない例を反例という。

③ 平行線と面積

□ 面積の等しい三角形…1直線上の2点 A，B と，その直線の同じ側にある2点 P，Q について，① PQ∥AB ならば △PAB＝△QAB

② △PAB＝△QAB ならば PQ∥AB

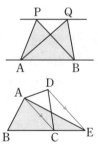

□ **等積変形**…四角形 ABCD の頂点 D を通り，対角線 AC に平行な直線と辺 BC の延長との交点を E とするとき，

四角形 ABCD＝△ABE

□ 三角形の面積の等分…三角形の1つの頂点と向かい合う辺の中点を結ぶ線分を中線という。三角形の1つの中線はその三角形の面積を2等分する。

テストでは
ココが
ねらわれる

●平行四辺形の性質，平行四辺形になるための条件，長方形・ひし形・正方形の対角線の性質を，整理して覚えておこう。
●底辺が等しい2つの三角形は，高さが等しいとき，面積が等しい。

ポイント 一問一答

① 平行四辺形

次の図の平行四辺形で，x，yの値を求めなさい。

□ (1)
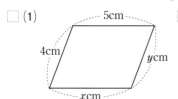

□ (2)
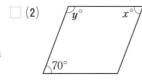

□ (3)
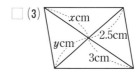

② 特別な平行四辺形

平行四辺形が長方形，ひし形，正方形になるためには，それぞれどんな条件を加えればよいですか。あてはまる条件を，**ア〜エ**の中からすべて選びなさい。

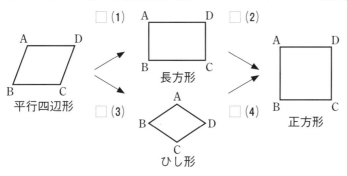

ア $\angle A = 90°$	**イ** $AB = BC$	**ウ** $AC = BD$	**エ** $AC \perp BD$

③ 平行線と面積

□ 右の図で，$AD /\!/ BC$であるとき，面積が等しい三角形の組をすべて見つけ，式で表しなさい。

答

① (1) $x = 5$，$y = 4$　(2) $x = 70$，$y = 110$　(3) $x = 3$，$y = 2.5$

② (1) ア，ウ　(2) イ，エ　(3) イ，エ　(4) ア，ウ

③ △ABC＝△DBC，△BAD＝△CAD，△ABO＝△DCO

1 〈平行四辺形の性質の利用①〉 **重要**

平行四辺形 ABCD の対辺 AD, BC の中点をそれぞれ M, N とするとき, BM＝DN であることを証明しなさい。

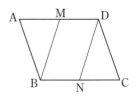

2 〈平行四辺形の性質の利用②〉 **重要**

平行四辺形 ABCD の辺 BC の中点を M とし, D と M を結ぶ直線と辺 AB の延長との交点を E とする。

このとき, AB＝BE であることを証明しなさい。

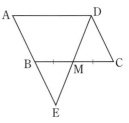

3 〈平行四辺形であることの証明①〉 ⚠ ミス注意

右の図で, AD＝DB, AE＝EC である。点 C を通り AB に平行な直線と直線 DE との交点を F とすると, 四角形 DBCF は平行四辺形であることを, 次のように証明した。 ☐ にあてはまるものを入れなさい。

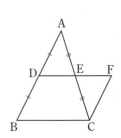

（証明）△ADE と △CFE で,

　　　仮定より, AE＝ ☐ ア

　　　∠DEA＝∠FEC（対頂角）,

　　　AB∥FC より ∠DAE＝ ☐ イ （平行線の錯角）

　　　☐ ウ がそれぞれ等しいから, △ADE≡△CFE

　　　よって, AD＝ ☐ エ

　　　また, AD＝DB だから, DB＝ ☐ オ ……①

　　　仮定より, DB∥ ☐ カ ……②

　　　①, ②より, ☐ キ だから, 四角形 DBCF は平行四辺形である。

4 〈平行四辺形であることの証明②〉 **重要**

平行四辺形 ABCD の頂点 A, C から対角線 BD へ垂線をひき, その交点をそれぞれ E, F とすると, 四角形 AECF は平行四辺形であることを証明しなさい。

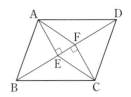

5 〈平行四辺形であることの証明③〉

平行四辺形 ABCD の辺 AB, BC, CD, DA 上にそれぞれ点 P, Q, R, S をとり, AP＝CR, BQ＝DS となるようにすれば, 四角形 PQRS は平行四辺形であることを証明しなさい。

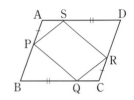

6 〈面積の等しい三角形〉 ⚠ ミス注意

右の図のように, 平行四辺形 ABCD で, 対角線 BD に平行な直線が辺 BC, CD と交わる点をそれぞれ P, Q とする。右の図の中で, △ABP と面積の等しい三角形をすべていいなさい。また, それらが等しいことを証明しなさい。

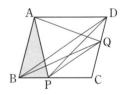

7 〈平行四辺形と面積〉

下の図の(1)～(3)で, 影の部分の面積は, 平行四辺形 ABCD の面積の何倍であるか求めなさい。

(1) M, N は AD, BC の中点

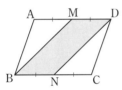

(2) P は AB 上の点

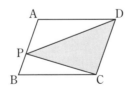

(3) P は平行四辺形の内部の点

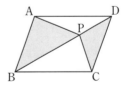

 ヒント

3 1 組の対辺が等しくて, 平行であることを証明する。

5 2 組の対辺が等しいことを証明する。

6 底辺が共通で高さが等しい三角形を見つける。

7 (3) P を通り, AB に平行な直線をひいて考える。

1 〈平行四辺形の角〉 ●重要

右の図で，四角形 ABCD は平行四辺形である。$\angle a$, $\angle b$, $\angle c$, $\angle d$, $\angle e$ の大きさを求めなさい。

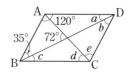

2 〈平行四辺形であることの証明〉 ●重要

右の図は，△ABC の辺 AB，BC，CA をそれぞれ 1 辺とする正三角形 BAD，BCE，ACF をかいたものである。このとき，四角形 AFED は平行四辺形であることを証明しなさい。

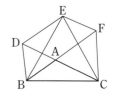

3 〈三角形の合同〉

右の図のように，正方形 ABCD の頂点 D に，正方形 EFGH の対角線の交点が重なっている。これについて次のことを証明しなさい。

(1) △PDE≡△QDF

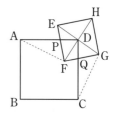

(2) AF＝CG

4 〈平行四辺形の性質〉

右の図は，△ABC の辺 BC 上に点 D と G を，辺 AC 上に点 E を，辺 AB 上に点 F を，DE∥BA，FE∥BC，FG∥AC となるようにとったものである。BC＝10cm，BD＝3cm とするとき，DG の長さを求めなさい。

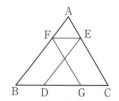

5 〈平行線と面積①〉 ○→○ 重要

平行四辺形 ABCD の頂点 D を通る直線が，辺 AB の延長，辺 BC と交わる点を，それぞれ M，N とする。

このとき，△ABN と △CNM は面積が等しいことを証明しなさい。

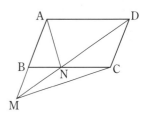

6 〈平行四辺形と証明〉 ⚠ ミス注意

右の図のように，平行四辺形 ABCD の対角線 AC の中点を O とし，AB，BO をとなり合う 2 辺とする平行四辺形 ABOE をかくと，辺 OE は AD によって 2 等分されることを証明しなさい。

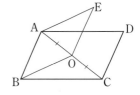

7 〈特別な平行四辺形〉

平行四辺形 ABCD の 1 辺 AD の中点を M とする。

MB＝MC であれば，この四角形 ABCD は長方形であることを証明しなさい。

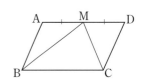

8 〈平行線と面積②〉 🏠 がっく

座標平面上に，点 O (0, 0)，A (3, 4)，B (7, 6)，C (9, 0) がある。

点 A を通って四角形 OABC の面積を 2 等分する直線が，x 軸と交わる点の x 座標を求めなさい。

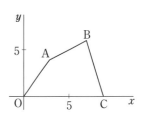

実力アップ問題

1 次のことがら(1)，(2)については，仮定と結論をいいなさい。ことがら(3)，(4)については，その逆をいいなさい。　　　　　　　　　　　　　　　　　　　　　　　　　〈8点×4〉

(1) 2つの三角形が合同ならば，対応する辺の長さは等しい。

(2) 二等辺三角形の2つの底角は等しい。

(3) 平行な2直線に1直線が交わるとき，錯角は等しい。

(4) 2点を結ぶ線分の垂直二等分線上の点は，この2点から等距離にある。

(1)		(2)	
(3)		(4)	

2 右の図のように，△ABC の辺 AC 上の点 D を通って BC に平行な直線をひく。これと C における内角の二等分線，外角の二等分線との交点をそれぞれ E，F とする。このとき，DE＝DF であることを証明しなさい。　　　　　　　　　〈10点〉

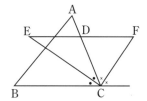

3 右の図のように，△ABC の辺 AB，AC を，それぞれ1辺とする正三角形 ADB と正三角形 ACE を △ABC の外側につくる。さらに，△ABC を，点 B を中心として，時計の針の回転と反対向きに 60°回転させた三角形を △DBF とする。また，点 F と E，点 F と C をそれぞれ結ぶ。　　　〈10点×2〉

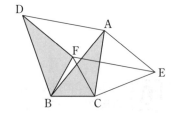

(1) △FBC が正三角形であることを証明しなさい。

(2) △ABC と △EFC が合同であることを証明しなさい。

(1)	
(2)	

4 右の図で, △ABC は正三角形, △APQ は ∠A が直角で
AP＝AQ の直角二等辺三角形, ∠BAP＝15° である。

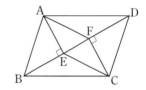

〈6点×3〉

(1) ∠APB は何度ですか。

(2) AC と PQ の交点を R とすると, ∠CRQ は何度ですか。

(3) △APR と合同な三角形はどれですか。

(1)		(2)		(3)	

5 右の図のように, 平行四辺形 ABCD において, 頂点 A, C から 1
つの対角線 BD におろした垂線をそれぞれ AE, CF とする。
このとき, AF＝CE であることを証明しなさい。　〈10点〉

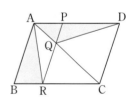

6 右の図のように, 平行四辺形 ABCD において, 辺 AB と平行な直線
が辺 AD, 対角線 AC, 辺 BC と交わる点をそれぞれ P, Q, R とする。
このとき, △ABR＝△AQD であることを証明しなさい。　〈10点〉

⑪確率

重要ポイント

① 確率の意味

☐ **確率**…あることがらの起こることが期待される程度を表す数を，そのことがらの起こる**確率**という。

☐ 確率と相対度数…あることがらの起こる確率が p であるということは，同じ実験を多数回くり返すと，そのことがらの起こる相対度数が p に近くなるという意味をもっている。

② 確率の求め方

☐ **同様に確からしい**…正しく作られたさいころを投げる実験では，起こりうるすべての結果は全部で 6 通りあり，そのどれが起こることも同じ程度に期待できる。このようなとき，どの結果の起こることも同様に確からしいという。

☐ **確率の求め方**…起こる場合が全部で n 通りあって，そのどれが起こることも同様に確からしいとする。

そのうち，ことがら A の起こる場合が a 通りであるとき，

A の起こる確率 p は　$p=\dfrac{a}{n}$

起こる場合 (n 通り)
A が起こる場合
a 通り

A の起こる確率 $p=\dfrac{a}{n}$

☐ **樹形図**…起こりうるすべての場合を順序よく整理して数え上げるときに使う，右のような図。

☐ 積の法則… m 通りのことがらそれぞれについて，別のことがらが n 通りあるとき，起こりうる場合の数は，$m \times n$（通り）

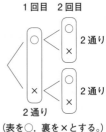

1回目　2回目

2通り

2通り

2通り

(表を○, 裏を×とする。)

　　例 右の樹形図で，1枚の硬貨を 2 回投げたときの表と裏の出方は，$2 \times 2 = 4$（通り）

③ 確率の性質と確率の計算

☐ 確率の性質…あることがら A の起こる確率を p とするとき，

確率 p の値の範囲は，　$0 \leqq p \leqq 1$

とくに，かならず起こることがらの確率は，　$p=1$

　　　　けっして起こらないことがらの確率は，　$p=0$

☐ A の起こらない確率…（A の起こらない確率）＝1－（A の起こる確率）

ポイント 一問一答

① 確率の意味

次の問いに答えなさい。

□(1) 1枚の硬貨を投げる実験を多数回くり返すとき，裏が出る相対度数は，どんな値に近くなると考えられますか。

□(2) 1つのさいころを投げる実験を多数回くり返すとき，4の目が出る相対度数は，どんな値に近くなると考えられますか。

② 確率の求め方

次の問いに答えなさい。

□(1) 2枚の硬貨を投げるとき，次の場合が考えられる。

・2枚とも表　・1枚が表，1枚が裏　・2枚とも裏

これら3つの場合の起こり方は，同様に確からしいといえますか。

□(2) 1つのさいころを投げるとき，偶数の目の出る確率を求めなさい。

□(3) 赤玉3個と白玉2個の入った袋から玉を1個取り出すとき，それが赤玉である確率を求めなさい。

③ 確率の性質と確率の計算

2つのさいころを同時に投げるとき，次の確率を求めなさい。

□(1) 2個とも偶数の目の出る確率

□(2) 少なくとも1個は奇数の目の出る確率

① (1) $\frac{1}{2}$　(2) $\frac{1}{6}$

② (1) いえない　(2) $\frac{1}{2}$　(3) $\frac{3}{5}$

③ (1) $\frac{1}{4}$　(2) $\frac{3}{4}$

1 〈確率の求め方〉 ●重要

次の確率を求めなさい。

(1) 10本のくじのうち，3本が当たりくじである。このくじを1本引くとき，当たりくじを引く確率

(2) ジョーカーを除く52枚のトランプをよく切ってから1枚のカードを取り出すとき，それがダイヤである確率

(3) 1つのさいころを投げるとき，3以上の目が出る確率

(4) 1，2，3，7，9の数字を1つずつ書いた5枚のカードがある。このカードをよくきって1枚取り出すとき，3の倍数であるカードを取り出す確率

(5) 白玉3個，赤玉12個，青玉5個を入れた袋から，玉を1個取り出すとき，それが白玉または赤玉である確率

(6) 3枚のコインを投げるとき，3枚とも裏が出る確率

2 〈さいころの問題〉 ●重要

次の問いに答えなさい。

(1) 大小2つのさいころを投げるとき，大きいさいころの目の数が，小さいさいころの目の数より大きくなる確率を求めなさい。

(2) 1つのさいころを2回投げて，1回目に出た目の数を十の位，2回目に出た目の数を一の位として2けたの整数をつくる。このとき，その整数が45より大きい数である確率を求めなさい。

(3) 2つのさいころを同時に投げるとき，次の確率を求めなさい。
　①2つの目の数の和が9となる確率
　②2つの目の数の和が5の倍数となる確率
　③2つの目の数の積が偶数となる確率

3 〈確率の求め方のくふう〉 ⚠ ミス注意

正二十面体の面に，1から20までの整数が1つずつ書いてあるさいころがある。この
さいころを投げるとき，次の確率を求めなさい。

(1) 3の倍数の目が出る確率

(2) 3でわり切れない目が出る確率

4 〈硬貨の問題〉 🔑重要

3枚の硬貨を投げるとき，次の確率を求めなさい。

(1) 3枚とも表が出る確率

(2) 2枚が表，1枚が裏となる確率

(3) 1枚だけ表が出る確率

(4) 少なくとも1枚は表が出る確率

5 〈玉の取り出し方の問題〉

白玉が2個，赤玉が3個入った袋がある。次の問いに答えなさい。

(1) この袋から玉を同時に2個取り出すとき，次の確率を求めなさい。
　① 1個が白で，1個が赤である確率
　② 2個とも赤である確率
　③ 2個とも同じ色である確率

(2) この袋から玉を1個取り出して色を調べ，それを袋に戻してからまた玉を1個取り出
すとき，次の確率を求めなさい。
　① 白，赤の順に出る確率
　② 2回とも同じ色である確率

 ヒント

2 (1) 目の出方は，6×6＝36（通り）　表をかいて条件を満たすものを数え上げる。

3 (2) 1−（3の倍数の目が出る確率）

4 3枚の硬貨の表裏の出方は，2×2×2＝8（通り）

5 (1) 白1，白2，赤1，赤2，赤3のように，同じ色でも区別して考える。

1 〈確率の意味〉

次のア〜ウは，1つのさいころを投げるときの，さいころの目の出方について説明したものである。正しいものを選びなさい。

ア　6回投げると，1の目はかならず1回出る。

イ　さいころを1回投げるとき，2の目が出る確率と3の目が出る確率は同じである。

ウ　さいころを1回投げて4の目が出てから，次に同じさいころを投げるときは，4の目が出る確率は $\frac{1}{6}$ より小さくなる。

2 〈確率の比較〉

AとBの袋の中には，それぞれ赤玉，青玉，黄玉が右の表のように入っている。

(1) Aの袋から玉を1個取り出すとき，それが青玉である確率を求めなさい。

	Aの袋	Bの袋
赤玉の個数	5	3
青玉の個数	4	6
黄玉の個数	7	2
合　計	16	11

(2) 袋の玉を1個取り出すとき，それが赤玉である確率は，A，Bどちらの袋のほうが高いですか。

3 〈確率の求め方〉 **⊶重要**

次の確率を求めなさい。

(1) 1つのさいころを投げるとき，奇数の目が出る確率

(2) 1から10までの整数が1つずつ書かれた10枚のカードをよく切ってから1枚取り出すとき，8以上の整数が書かれたカードを取り出す確率

(3) 赤玉6個，青玉8個を入れた袋から，玉を1個取り出すとき，それが赤玉である確率

(4) 2枚のコインを投げるとき，1枚が表で1枚が裏になる確率

(5) ジョーカーを除く52枚のトランプをよく切ってから1枚のカードを取り出すとき，数字が3である確率

4 〈さいころの問題〉 → 重要

2つのさいころを投げるとき，次の確率を求めなさい。

(1) 2つとも同じ数の目が出る確率

(2) 2つの目の数の和が11以上になる確率

(3) 2つの目の数の差が2になる確率

5 〈くじ引きの問題〉 🏠 がつく

当たりが3本と，はずれが2本入っているくじがある。次の確率を求めなさい。

(1) Aが先に1本引き，次にBが残り4本の中から1本引くとき，A，Bともはずれを引く確率

(2) Aが先に1本引き，次にBが残り4本の中から1本引くとき，A，Bとも当たりを引く確率

(3) Bが先に1本引き，次にAが残り4本の中から1本引くとき，A，Bとも当たりを引く確率

6 〈硬貨の問題〉 ⚠ ミス注意

10円，50円，100円の硬貨が1枚ずつある。この3枚の硬貨を同時に投げるとき，次の確率を求めなさい。

(1) 表が1枚，裏が2枚出る確率

(2) 表が2枚，裏が1枚出る確率

(3) 表の出た硬貨の金額の合計が100円以上となる確率

7 〈数カードの問題〉 🔑重要

次の問いに答えなさい。

(1) 1, 2, 3の数字を1つずつ書いた3枚のカードがある。このカードをよくきって，その中から1枚ずつ2回続けて取り出し，取り出した順に並べて2けたの正の整数をつくるとき，その整数が奇数である確率を求めなさい。

(2) 1から5までの数字を1つずつ書いた5枚のカードがある。このカードをよくきって，その中から2枚取り出したとき，2枚とも奇数である確率を求めなさい。

8 〈正二十面体のさいころの問題〉

0から9の目がそれぞれ2面ずつある正二十面体のさいころがある。

(1) 1回投げたとき，奇数の目が出る確率を求めなさい。

(2) 2回続けて投げたとき，次の確率を求めなさい。

① 続けて1の目が出る確率

② 目の数の和が2になる確率

③ 目の数の積が0より大きい整数になる確率

9 〈じゃんけんの問題〉

A，B，Cの3人がじゃんけんを1回するとき，次の確率を求めなさい。

(1) あいこになる確率

(2) A1人だけが勝つ確率

(3) Bが負ける確率

10 〈さいころと文字式〉

大小2つのさいころを投げて，大きいさいころの出た目の数を x，小さいさいころの出た目の数を y とする。このとき，次の式が成り立つ確率を求めなさい。

(1) $x+y=7$

(2) $4x-2y=6$

11 〈さいころと1次関数のグラフ〉

大小2つのさいころを投げて，大きいさいころの出た目の数を a，小さいさいころの出た目の数を b とする。

右の図で，直線 $y=-\dfrac{1}{2}x+4$ と，x軸，y軸との交点をそれぞれ A，B とするとき，点 (a, b) が △OAB の内部にある確率を求めなさい。ただし，△OAB の辺上の点はふくまないものとする。

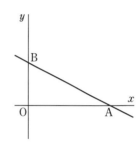

12 〈玉の取り出し方の問題〉 ⚠ ミス注意

赤玉が3個，青玉が2個入っている袋がある。この袋から1個ずつ順に玉を取り出すとき，次の確率を求めなさい。ただし，取り出した玉はもとに戻さないものとする。

(1) 2個の玉を取り出すとき，赤玉，青玉の順に出る確率

(2) 3個の玉を取り出すとき，すべて赤玉が出る確率

13 〈硬貨投げと座標〉 ●━○ 重要

1枚の硬貨を投げるごとに，表が出ると x軸の正の方向に1だけ移動し，裏が出ると y軸の正の方向に1だけ移動する点 P がある。

(1) 硬貨を2回投げたとき，原点から出発した点 P の到達点が点 $(1, 1)$ になる確率を求めなさい。

(2) 硬貨を3回投げたとき，原点から出発した点 P の到達点が y軸上にある確率を求めなさい。

(3) 硬貨を4回投げたとき，原点から出発した点 P の到達点が x軸上にも，y軸上にもない確率を求めなさい。

実力アップ問題

◎制限時間40分
◎合格点70点
▶答え　別冊p.29

	点

1 硬貨を投げて，表が出ると2点，裏が出ると1点もらえるとする。
3枚の硬貨A，B，Cを同時に投げるとき，点数の合計が4点となる確率を求めなさい。〈10点〉

2 A，B 2種類のくじがある。Aは6本あって当たりは3本，Bは5本あって当たりは2本ある。AとBのくじを1本ずつ引いたとき，次の確率を求めなさい。〈6点×3〉

(1) Aのくじに当たり，Bのくじに当たらない確率

(2) 片方だけが当たる確率

(3) 少なくとも一方が当たる確率

(1)		(2)		(3)	

3 次の問いに答えなさい。〈6点×5〉

(1) 大小2つのさいころを同時に投げたとき，大きいさいころの目の数が4以上で，小さいさいころの目の数が4以下となる確率を求めなさい。

(2) 2つのさいころを同時に投げるとき，出る目の数の和が6の倍数になる確率を求めなさい。

(3) 大小2つのさいころを同時に投げるとき，目の数の和が10となる確率を求めなさい。

(4) 大小2つのさいころを同時に投げるとき，大きいさいころの目の数が，小さいさいころの目の数より2だけ大きくなる確率を求めなさい。

(5) 大小2つのさいころを同時に投げるとき，大きいさいころの目の数が，小さいさいころの目の数の約数となる確率を求めなさい。

(1)		(2)		(3)		(4)		(5)	

4 大小2つのさいころを同時に投げるものとする。

大きいさいころの出た目の数を a，小さいさいころの出た目の数を b とし，$ax+by=6$ のグラフが直線 $y=-2x$ のグラフと平行にならない確率を求めなさい。　　　　　　　　〈12点〉

5 太郎，次郎，花子がじゃんけんで1回の勝負をすることになった。

花子が「グー」を出すとき，次の問いに答えなさい。　　　　　　　　〈6点×3〉

(1) 花子だけが勝つ確率を求めなさい。

(2) 3人があいこになる確率を求めなさい。

(3) 3人の中で2人が勝つ確率を求めなさい。

(1)		(2)		(3)	

6 点Pは，右の正六角形の頂点Aにある。この点Pを，1枚の硬貨を1回投げて，表が出たら右回りにとなりの頂点へ，裏が出たら左回りにとなりの頂点へ移動させる。

たとえば，1枚の硬貨を3回投げたとき，1回目に表，2回目に表，3回目に裏が出ると，点Pは A→B→C→B の順序で，頂点Bにくる。 1枚の硬貨を3回投げたとき，次の問いに答えなさい。　　　　　　　　〈6点×2〉

(1) 1回目に裏，2回目に裏，3回目に表が出たとき，点Pはどの頂点にきますか。

(2) 点Pが，頂点Bにくる確率を求めなさい。

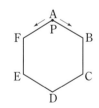

(1)		(2)	

⑫ データの比較

重要ポイント

① 四分位数，四分位範囲，箱ひげ図

☐ **四分位数**…データを小さい順に並べて4等分したときの，3つの区切りの値。小さい方から順に，第1四分位数，第2四分位数，第3四分位数という。第2四分位数は中央値である。

☐ **四分位範囲**…第3四分位数と第1四分位数の差。

（第3四分位数）−（第1四分位数）で求めることができる。

☐ **箱ひげ図**…四分位数と最小値，最大値を箱と線（ひげ）で表した図。平均値（＋）を記入することもある。

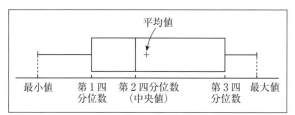

平均値

最小値　　第1四　　第2四分位数　　　第3四　最大値
　　　　　分位数　　（中央値）　　　　分位数

⑩ 右の箱ひげ図で，

第1四分位数 … 15

第2四分位数 … 19

第3四分位数 … 23

四分位範囲 … 23−15＝8

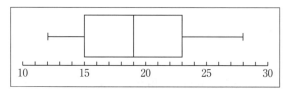

② 複数のデータの分布を比較する

☐ **箱ひげ図の特徴**…① 複数のデータの分布を同時に比較できる。

② 中央値がわかる。

③ データが，どのあたりに集まっているのかが一目でわかる。

☐ **ヒストグラムの特徴**…① 全体の分布の様子がわかる。

② 最頻値がわかる。

ポイント 一問一答

① 四分位数，四分位範囲，箱ひげ図

下のデータについて，次の問いに答えなさい。

| 28　29　36　27　29　33 |

□ (1) 次の値を求めなさい。

　① 最小値　　　② 第1四分位数　　③ 第2四分位数

　④ 第3四分位数　　⑤ 最大値

□ (2) 四分位範囲を求めなさい。

□ (3) このデータの箱ひげ図として正しいものを，次の**ア〜ウ**の中から1つ選びなさい。

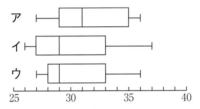

② 複数のデータの分布を比較する

□ 下の図は100人の生徒が，4つのテストA，B，C，Dを受けた結果を箱ひげ図にまとめたものである。あとの**ア〜ウ**のうち，正しいものを1つ選びなさい。

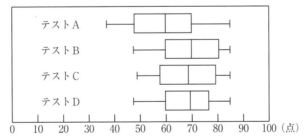

ア　最大値と最小値の差は，テストAよりテストDのほうが大きい。

イ　テストBとCで，60点以下の生徒がどちらのテストにも25人以上いる。

ウ　65点以下の生徒は，テストAでは75人以上いるが，テストDでは50人以下である。

---

　① (1) ① 27　② 28　③ 29　④ 33　⑤ 36　(2) 5　(3) ウ

　② イ

1 〈四分位数，四分位範囲，箱ひげ図〉 ⏺重要

下のデータについて，次の問いに答えなさい。

40　19　28　25　12　34　16　22　18　37

(1) 最小値，第1四分位数，第2四分位数，第3四分位数，最大値を求めなさい。

(2) 四分位範囲を求めなさい。

(3) このデータの箱ひげ図として正しいものを，次の**ア〜ウ**の中から1つ選びなさい。

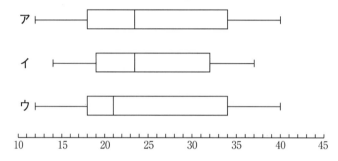

2 〈四分位数，四分位範囲〉

下のデータについて，次の問いに答えなさい。

140　151　132　130　98　108　162　116　104

(1) 最小値，第1四分位数，第2四分位数，第3四分位数，最大値を求めなさい。

(2) 四分位範囲を求めなさい。

3 〈箱ひげ図①〉 ⏺重要

右の図は，A市の5月1日から5月31日までの1日の最低気温を箱ひげ図にまとめたものである。この箱ひげ図からわかることとして正しいものを，次のア〜ウの中から1つ選びなさい。

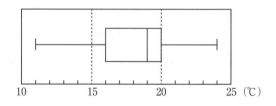

　ア　20℃以上の日が，10日以上ある。

　イ　15℃以上20℃以下の日が，15日以上ある。

　ウ　15℃以下の日が，8日以上ある。

4 〈箱ひげ図②〉

下の図は，100人の生徒が4つのテストA，B，C，Dを受けた結果を箱ひげ図にまとめたものである。この箱ひげ図からわかることとして正しいものを，あとのア～ウの中から1つ選びなさい。

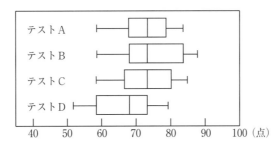

ア テストAで80点以上とった生徒数は25人以下であるが，テストBでは，25人以上である。

イ テストBとCでは四分位範囲は等しい。

ウ テストCとDで70点以下の生徒数は，どちらのテストも50人より多い。

5 〈箱ひげ図③〉⚠️ ミス注意

下の図は，ある店の10日間において，商品a，bの売上個数を箱ひげ図に表したものです。この箱ひげ図からわかることとして正しいものを，あとのア～エの中から1つ選びなさい。

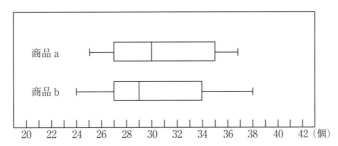

ア 商品aの売上個数の平均値は30個である。

イ 商品aの売上個数の四分位範囲は，商品bの売上個数の四分位範囲より小さい。

ウ 商品aの売上個数の第3四分位数は，商品bの売上個数の第3四分位数より小さい。

エ 商品bで，売上個数が34個以上の日が3日以上ある。

ヒント

[1] (2)（四分位範囲）＝（第3四分位数）－（第1四分位数）

[3] 箱の中にデータの50％以上がふくまれる。

[5] 箱ひげ図では平均値を ＋ で表すことがある。

1 〈四分位数，四分位範囲，箱ひげ図〉
下のデータについて，次の問いに答えなさい。

13　6　10　8　16　5　11　4　9

(1)最小値，第1四分位数，第2四分位数，第3四分位数，最大値を求めなさい。

(2)四分位範囲を求めなさい。

(3)このデータの箱ひげ図として正しいものを，次の**ア**〜**ウ**から1つ選びなさい。

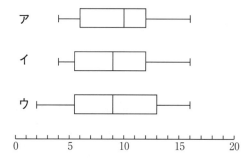

2 〈四分位数，四分位範囲〉 **重要**
下のデータについて，次の問いに答えなさい。

101　96　95　106　110　101　91　110　97

(1)最小値，第1四分位数，第2四分位数，第3四分位数，最大値を求めなさい。

(2)四分位範囲を求めなさい。

3 〈箱ひげ図①〉 **⚠ミス注意**
右の箱ひげ図は，ある池の魚40匹の重さを
表したものである。この箱ひげ図からわかる
こととして正しいものを，次のア〜ウの中か
ら1つ選びなさい。

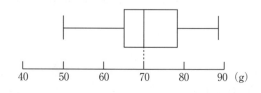

　ア　70gの魚が少なくとも1匹いる。

　イ　60g以上80g未満の魚が20匹以上いる。

　ウ　50g以上60g未満の魚が10匹より多くいる。

4 〈ヒストグラムと箱ひげ図〉 **重要**

下のヒストグラムと箱ひげ図は，あるクラスの生徒が先月読んだ本の冊数をまとめたものである。このヒストグラムと箱ひげ図からわかることとして間違っているものを，あとのア〜エの中から1つ選びなさい。

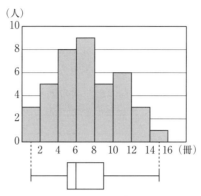

ア　中央値と最頻値は等しい。

イ　四分位範囲は4冊である。

ウ　12冊以上14冊未満の階級の相対度数は0.1以下である。

エ　本を読んだ冊数が5冊以上の生徒は30人以上である。

5 〈箱ひげ図②〉 **がつく**

右の図は，A中学校，B中学校，C中学校の2年生の女子生徒20名の50m走のデータを箱ひげ図に表したものである。次の問いに答えなさい。

(1) データの分布の範囲がもっとも大きいのはどの中学校か答えなさい。

(2) 記録が8.8秒の生徒が，記録の良いほうから数えて25%以内に入っているのは，どの中学校か求めなさい。

(3) 記録が9.6秒の生徒が，記録の良くないほうから数えて25%以内に入っているのは，どの中学校か求めなさい。

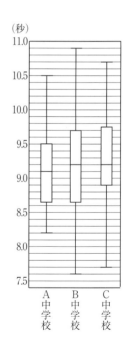

実力アップ問題

1 下のデータは，A 中学校にある観葉植物の高さである。次の問いに答えなさい。　〈15点×2〉

(cm)

| 163 | 173 | 161 | 171 | 165 | 178 | 167 | 176 | 158 | 167 | 170 | 172 | 174 | 169 |

(1) 最小値，第1四分位数，第2四分位数，第3四分位数，最大値を求めなさい。

(2) このデータの箱ひげ図として正しいものを，次の**ア**～**エ**の中から1つ選びなさい。

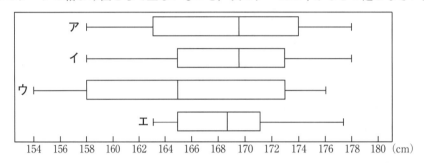

(1) 最小値　　　　　　cm	第1 四分位数　　　　　　cm	第2 四分位数　　　　　　cm
第3 四分位数　　　　　　cm	最大値　　　　　　cm	(2)

2 下のデータについて，次の問いに答えなさい。　〈15点×2〉

| 46 | 38 | 46 | 40 | 61 | 58 | 57 | 62 | 71 | 66 | 62 | 70 | 49 | 66 | 55 | 52 |

(1) 最小値，第1四分位数，第2四分位数，第3四分位数，最大値を求めなさい。

(2) このデータの箱ひげ図として正しいものを，次の**ア**～**エ**の中から1つ選びなさい。

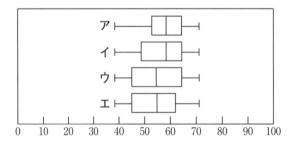

(1) 最小値	第1 四分位数	第2 四分位数
第3 四分位数	最大値	(2)

3 下の箱ひげ図は，あるクラスの生徒35人の国語のテスト結果を表したものである。この箱ひげ図に対するヒストグラムとして正しいものを，あとのア〜ウの中から1つ選びなさい。〈10点〉

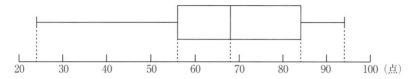

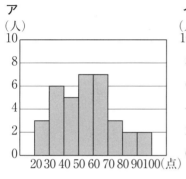

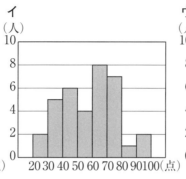

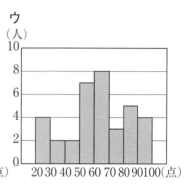

4 右の図は，A中学校，B中学校，C中学校の1年生の男子生徒40名のハンドボール投げのデータを箱ひげ図にしたものである。次の問いに答えなさい。　〈10点×3〉

(1) データの分布の範囲（はんい）がもっとも小さいのはどの中学校か答えなさい。

(2) 記録が16.5mの生徒が，記録が良くないほうから数えて25％以内に入っているのは，どの中学校か答えなさい。

(3) 記録が24mより遠くへ投げた人が10人以下なのは，どの中学校か答えなさい。

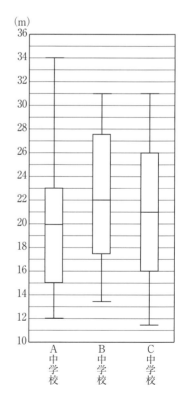

(1)		(2)		(3)	

□ 編集協力　㈱プラウ21(坂口義興・岡田ひなの)　内田完司

□ 本文デザイン　小川純(オガワデザイン)　南彩乃(細山田デザイン事務所)

□ 図版作成　㈱プラウ21

シグマベスト
実力アップ問題集
中2数学

編　者　文英堂編集部

発行者　益井英郎

印刷所　中村印刷株式会社

発行所　株式会社文英堂

〒601-8121　京都市南区上鳥羽大物町28
〒162-0832　東京都新宿区岩戸町17
(代表)03-3269-4231

実力
アップ
問題集

EXERCISE BOOK | MATHEMATICS

解答・解説

中2数学

文英堂

1章 式の計算

❶ 式の計算

1 (1) a　(2) $-2x^2+6x$　(3) $10x^2$
　　(4) $4ab+8a$　(5) $-2x+6y$　(6) $5x-5y$
　　(7) $9a+b$　(8) $-2x^2-3x+4$

解説 (5) $x+2y-(3x-4y)=x+2y-3x+4y$
(6) $4x-\{3y+(2y-x)\}=4x-(3y+2y-x)$
　$=4x-5y+x$
(8) ひく式の符号をすべて変え　　$-6x^2+2x+3$
て加える。　　　　　　　　$\underline{+)\ \ 4x^2-5x+1}$
　　　　　　　　　　　　　　　$-2x^2-3x+4$

2 (1) $8x-12y-4$　(2) $-\dfrac{1}{2}x+\dfrac{3}{2}y$
　　(3) $11a+12b$　(4) $7a-9b$　(5) $8x+9y$
　　(6) $-2x+19y$　(7) $\dfrac{1}{6}a+\dfrac{5}{6}b$
　　(8) $\dfrac{2x-2y}{3}$

解説 数と多項式の積では，数を多項式のどの項にも
かける。
(2) $-\dfrac{1}{4}(2x-6y)=-\dfrac{1}{4}\times2x+\dfrac{1}{4}\times6y$
(3) $7(2a+b)-(3a-5b)=14a+7b-3a+5b$
(4) $4a-3b+3(a-2b)=4a-3b+3a-6b$
(5) $2(-x+2y)+5(2x+y)$
　$=-2x+4y+10x+5y$
(6) $3(x+3y)-5(x-2y)=3x+9y-5x+10y$
(7) $\dfrac{1}{3}(a+2b)-\dfrac{1}{6}(a-b)$
　$=\dfrac{1}{3}a+\dfrac{2}{3}b-\dfrac{1}{6}a+\dfrac{1}{6}b$
(8) $\dfrac{3x-y}{2}-\dfrac{5x+y}{6}=\dfrac{3(3x-y)-(5x+y)}{6}$
　$=\dfrac{9x-3y-5x-y}{6}=\dfrac{4x-4y}{6}=\dfrac{2x-2y}{3}$

3 (1) $12xy$　(2) $49a^2$　(3) $\dfrac{1}{2}x^2$　(4) $4x^2y$
　　(5) $16x^3$　(6) $18a^5$

解説 累乗の形の乗法は，意味を考えて計算ミスのな
いように注意する。
(2) $(-7a)^2=(-7a)\times(-7a)$

$=(-7)\times(-7)\times a\times a=49a^2$

参考 (2)の計算からわかるように
$(-7a)^2=(-7)^2a^2$ である。
一般に，$(ab)^n=a^nb^n$
　　　　$(a^m)^n=a^{mn}$　である。

(5) $4x\times(-2x)^2=4x\times(-2x)\times(-2x)$
　$=4\times(-2)\times(-2)\times x\times x\times x=16x^3$

別解 上の公式にあてはめて
$4x\times(-2x)^2=4x\times(-2)^2x^2$
　$=4\times4\times x\times x^2=16x^3$

(6) $(-3a)^2\times2a^3=(-3a)\times(-3a)\times2a^3$
　$=(-3)\times(-3)\times2\times a\times a\times a^3=18a^5$

別解 上の公式にあてはめて
$(-3a)^2\times2a^3=(-3)^2a^2\times2a^3$
　$=9\times2\times a^2\times a^3=18a^5$

参考 上の計算からわかるように，一般に
$a^m\times a^n=a^{m+n}$　である。

4 (1) $3a$　(2) -2　(3) $-2x$　(4) $\dfrac{3}{4}b$　(5) a^2
　　(6) $-a$

解説 (5) $a\times a^2\div a=\dfrac{a\times a^2}{a}=a^2$

(6) $5a^2b\div(-10ab^2)\times2b=-\dfrac{5a^2b\times2b}{10ab^2}$

　$=-\dfrac{10a^2b^2}{10ab^2}=-a$

5 (1) 6　(2) 0

解説 (1) $3(a-b)-2(2a+b)$
　$=3a-3b-4a-2b=-a-5b$
$a=4$，$b=-2$ を代入して，$-4+10=6$
(2) $2(a^2-b^2)-3(a^2-2b^2)=2a^2-2b^2-3a^2+6b^2$
　$=-a^2+4b^2$　$a=4$，$b=-2$ を代入して，
$-4^2+4\times(-2)^2=-16+16=0$

6 (1) 12　(2) -36

解説 (1) $6x^2y^2\div(-3xy)=-2xy$
　$x=-2$，$y=3$ を代入して，$(-2)\times(-2)\times3=12$
(2) $4x^2y\times(-2y)^2\div8xy=\dfrac{4x^2y\times4y^2}{8xy}=2xy^2$
　$x=-2$，$y=3$ を代入して，$2\times(-2)\times3^2=-36$

1 (1) $4a-b-4$　(2) $-x^2-7x+8$
2 (1) 和 … $7x^2-18x+12$　差 … $13x^2+4$

(2) 和 … $\dfrac{1}{6}xy+4x+3y+5$

差 … $\dfrac{5}{6}xy-4x+3y-7$

解説 (1) $(10x^2-9x+8)+(-3x^2-9x+4)$,
$(10x^2-9x+8)-(-3x^2-9x+4)$ を計算する。

3 (1) ① $4x-6y+1-(2x-3y)$
② $2x-3y+1$　(2) ① 12　② -2

解説 (1) ② $4x-6y+1-(2x-3y)=2x-3y+1$
(2) ① $a+b-\{a-2b+(5c+2b)\}+4c$
$=a+b-(a-2b+5c+2b)+4c$
$=a+b-a-5c+4c=b-c$
$=7-(-5)=12$
② $\dfrac{1}{3}a+\dfrac{1}{2}b-\dfrac{3}{10}c+\left(\dfrac{2}{3}a-\dfrac{3}{2}b-\dfrac{1}{10}c\right)$
$=\left(\dfrac{1}{3}+\dfrac{2}{3}\right)a+\left(\dfrac{1}{2}-\dfrac{3}{2}\right)b-\left(\dfrac{3}{10}+\dfrac{1}{10}\right)c$
$=a-b-\dfrac{2}{5}c=3-7-\dfrac{2}{5}\times(-5)=-2$

4 (1) $23x+5y$　(2) $3a-11b+3$

(3) $-\dfrac{3}{4}a+4b$　(4) $\dfrac{x-8y-15}{12}$

(5) $-10x^3y^3$　(6) $\dfrac{9}{5}x^2$　(7) $18b$　(8) $-\dfrac{9}{8}a$

解説 (1) $3(x-y)+4(5x+2y)$
$=3x-3y+20x+8y$
(2) $2(4a-3b-1)-5(a+b-1)$
$=8a-6b-2-5a-5b+5$
(3) $\dfrac{3}{4}a-\dfrac{1}{2}(3a-8b)=\dfrac{3}{4}a-\dfrac{3}{2}a+4b$
(4) $\dfrac{3x-5}{4}-\dfrac{2(x+y)}{3}=\dfrac{3(3x-5)-8(x+y)}{12}$

$=\dfrac{9x-15-8x-8y}{12}$
(5) $(-xy)\times5xy\times2xy=-5\times2\times x^3\times y^3$
(6) $\left(-\dfrac{5}{6}x\right)\times\left(-\dfrac{9}{10}xy\right)\div\dfrac{5}{12}y$

$=\dfrac{5}{6}\times\dfrac{9}{10}\times\dfrac{12}{5}\times\dfrac{x\times xy}{y}$
(7) $(-3ab)^2\div\dfrac{1}{2}a^2b=9a^2b^2\times\dfrac{2}{a^2b}=18\times\dfrac{a^2b^2}{a^2b}$
(8) $\left(-\dfrac{1}{2}a\right)^3\div\left(\dfrac{1}{3}a\right)^2=\left(-\dfrac{1}{8}a^3\right)\div\dfrac{1}{9}a^2$

$=-\dfrac{9}{8}\times\dfrac{a^3}{a^2}$

5 (1) $11a-b+9$　(2) $-10a+b-7$

解説 (1) $2(X+Y)-Z=2X+2Y-Z$
$=2(2a-b+3)+2(3a+2b-1)-(-a+3b-5)$
$=4a-2b+6+6a+4b-2+a-3b+5$
$=11a-b+9$
(2) $3X-4(Y-Z)=3X-4Y+4Z$
$=3(2a-b+3)-4(3a+2b-1)+4(-a+3b-5)$
$=6a-3b+9-12a-8b+4-4a+12b-20$
$=-10a+b-7$

6 (1) $6xy$　(2) a^3b　(3) $\dfrac{3}{y^3}$

解説 (2) $\square=ab^2\div b^2\times a^2b=a^3b$

(3) $\dfrac{7x}{3y^2}\div\square=\dfrac{7}{9}xy$　$\square=\dfrac{7x}{3y^2}\div\dfrac{7}{9}xy$

$\square=\dfrac{7x}{3y^2}\times\dfrac{9}{7xy}$　$\square=\dfrac{3}{y^3}$

② 文字式の利用

p.12～13　基礎問題の答え

1 例 $(2n+1)-2m$
$=2n+1-2m=2(n-m)+1$
ここで $(n-m)$ は整数だから,
$2\times(整数)+1$ の形になるので奇数である。

2 (1) いちばん小さい数 … $m-1$
いちばん大きい数 … $m+1$
(2) 例 $(m-1)+m+(m+1)=3m$
m は整数だから, $3m$ は 3 の倍数である。

3 例 もとの自然数の十の位の数を x, 一の位の
数を y とすると, もとの自然数は $10x+y$ と
表せる。また, 十の位の数と一の位の数を入
れかえた 2 けたの自然数は $10y+x$ と表せる。
$(10x+y)+(10y+x)$
$=11x+11y=11(x+y)$
ここで $(x+y)$ は整数だから,
$11(x+y)$ は 11 の倍数である。

4 (1) $120a+30b$（円）　(2) $90a-90b$（円）

解説 (2) $120a+30b-(120b+30a)$
$=90a-90b$（円）

5 $4ab\,\text{cm}^2$

解説 $2b\times5a-\dfrac{5a\times b}{2}-\dfrac{3a\times b}{2}-\dfrac{2a\times2b}{2}$

$=10ab-\dfrac{5ab}{2}-\dfrac{3ab}{2}-\dfrac{4ab}{2}=4ab\,(\text{cm}^2)$

6 $48a^2+60ab$ (cm²)

解説 $(6a\times4a)\times2+(6a\times3b)\times2+(4a\times3b)\times2$
$=48a^2+36ab+24ab=48a^2+60ab$ (cm²)

7 $2\pi a$ cm

解説 $2\pi(r+a)-2\pi r=2\pi r+2\pi a-2\pi r$
$=2\pi a$ (cm)

8 (1) $x=-\dfrac{y}{3}+4$ (2) $h=\dfrac{3V}{\pi r^2}$

解説 (1) $3x+y=12$ $3x=-y+12$ $x=-\dfrac{y}{3}+4$

(2) $V=\dfrac{1}{3}\pi r^2 h$ $3V=\pi r^2 h$ $h=\dfrac{3V}{\pi r^2}$

p.14～15　標準問題の答え

1 例 5つの連続する整数のうち，まん中の整数を m とすると，5つの数は小さい順に，$m-2$, $m-1$, m, $m+1$, $m+2$ とおける。
$(m-2)+(m-1)+m+(m+1)+(m+2)$
$=5m$
m は整数だから，$5m$ は 5 の倍数である。

2 例 はじめの数は $100a+10b+c$，百の位の数と一の位の数を入れかえた数は $100c+10b+a$
$(100a+10b+c)-(100c+10b+a)$
$=100a+10b+c-100c-10b-a$
$=99a-99c=9(11a-11c)$
ここで，$11a-11c$ は整数だから，
$9(11a-11c)$ は 9 の倍数である。

3 商 … $m+n+1$　余り … 1

解説 $A=3m+2$, $B=3n+2$
$A+B=(3m+2)+(3n+2)=3m+3n+4$
$=3m+3n+3+1=3(m+n+1)+1$

4 $a=\dfrac{70-b}{m}$

解説 $70=ma+b$ $ma=70-b$ $a=\dfrac{70-b}{m}$

5 (1) $4\pi ab$ cm² (2) $2\pi a^2+4\pi ab$ (cm²)
(3) 2 倍

解説 (1) $b\times2\pi\times2a=4\pi ab$ (cm²)
(2) $\pi a^2\times2+2b\times2\pi a=2\pi a^2+4\pi ab$ (cm²)
(3) $\pi\times(2a)^2\times b\div(\pi a^2\times2b)$
$=4\pi a^2b\div2\pi a^2b$

$=\dfrac{4\pi a^2b}{2\pi a^2b}=2$ (倍)

6 例 半円 O の弧の長さは　$\pi a\times\dfrac{1}{2}=\dfrac{\pi a}{2}$

半円 P の弧の長さは　$\pi b\times\dfrac{1}{2}=\dfrac{\pi b}{2}$

したがって和は　$\dfrac{\pi a}{2}+\dfrac{\pi b}{2}=\dfrac{\pi}{2}(a+b)$

AB を直径とする半円の弧の長さは

$\pi(a+b)\times\dfrac{1}{2}=\dfrac{\pi}{2}(a+b)$

よって，半円 O，P の弧の長さの和は，AB を直径とする半円の弧の長さに等しい。

7 (1) $A=100a+10b+c$
(2) $B=100c+10b+a$
(3) 例 $A+2B$
$=100a+10b+c+2(100c+10b+a)$
$=102a+30b+201c$
$=3\times34a+3\times10b+3\times67c$
$=3(34a+10b+67c)$
ここで，a, b, c は整数だから，
$34a+10b+67c$ も整数。よって，
$3(34a+10b+67c)$ は 3 でわり切れる。

p.16～17　実力アップ問題の答え

1 (1) $-2x-6y$ (2) $6x-4y$
(3) $2a+3b$ (4) x (5) $-3a+3b$
(6) $13x-3y$

2 (1) $-x-8y$ (2) $4x+8y$
(3) $\dfrac{25}{6}x-\dfrac{5}{3}y$ (4) $\dfrac{-4x+11y}{6}$
(5) $\dfrac{1}{12}x+\dfrac{17}{12}y$ (6) $\dfrac{11a-8b}{8}$

3 (1) $6ab$ (2) $-2xy^2$ (3) $-\dfrac{1}{18}m^3n^2$
(4) $8ab^2$ (5) $-8xy$ (6) $16x^2$
(7) $-2m^2+12mn+8n^2$
(8) $4x^2y-6xy^2-2xy$

4 (1) -300 (2) -3

5 (1) $y=\dfrac{5}{3}x$ (2) $x=\dfrac{4y}{3a}$
(3) $x=\dfrac{y+5}{2}$ (4) $a=\dfrac{m-6b}{6}$

6 (1) $a=7m+2$, $b=7n+3$ (2) 5

4

$\boxed{7}$ (1) $6a^2\,\mathrm{cm}^2$　(2) 4 倍　(3) $\dfrac{1}{8}$ 倍

$\boxed{8}$ 例 十の位の整数を n とすると，3 けたの
自然数は
$$100(n-1)+10n+(n+1)$$
$$=100n-100+10n+n+1$$
$$=111n-99=3\times 37n-3\times 33$$
$$=3(37n-33)$$
ここで，n は整数だから，$37n-33$ も整数。
よって，$3(37n-33)$ は 3 でわり切れる。

解説 $\boxed{1}$ 減法はひく式の各項の符号を変えて加える。
(3) $-a+5b-(-3a+2b)=-a+5b+(3a-2b)$
$\quad =-a+5b+3a-2b$

別解 $-a+5b-1\times(-3a+2b)$ と考えると，
$\quad =-a+5b+3a-2b$

$\boxed{2}$ (1) $2(-3x+y)+5(x-2y)$
$\quad =-6x+2y+5x-10y$

(2) $-3(2x-y)+5(2x+y)$
$\quad =-6x+3y+10x+5y$

(3) $\dfrac{5}{6}x-y+\dfrac{2}{3}(5x-y)$
$\quad =\dfrac{5}{6}x-y+\dfrac{10}{3}x-\dfrac{2}{3}y$

(4) $\dfrac{4x-2y}{3}-\dfrac{4x-5y}{2}$
$\quad =\dfrac{2(4x-2y)-3(4x-5y)}{6}$
$\quad =\dfrac{8x-4y-12x+15y}{6}$

(5) $\dfrac{3}{4}(x+y)-\dfrac{2}{3}(x-y)$
$\quad =\dfrac{3}{4}x+\dfrac{3}{4}y-\dfrac{2}{3}x+\dfrac{2}{3}y$

別解 $\dfrac{3}{4}(x+y)-\dfrac{2}{3}(x-y)$
$\quad =\dfrac{3(x+y)}{4}-\dfrac{2(x-y)}{3}=\dfrac{9(x+y)-8(x-y)}{12}$
$\quad =\dfrac{9x+9y-8x+8y}{12}=\dfrac{x+17y}{12}$

(6) $\dfrac{3(2a-b)}{4}-\dfrac{a+2b}{8}=\dfrac{6(2a-b)-(a+2b)}{8}$
$\quad =\dfrac{12a-6b-a-2b}{8}$

$\boxed{3}$ (3) $\left(-\dfrac{1}{2}m\right)^3\times\left(\dfrac{2}{3}n\right)^2=-\dfrac{1}{8}m^3\times\dfrac{4}{9}n^2$

(6) $(-2x)^3\div 3x^2\times(-6x)$

$\quad =-8x^3\times\dfrac{1}{3x^2}\times(-6x)$

(7) どの項にも $-\dfrac{2}{3}$ をかける。

(8) どの項も 3 でわる。

$\boxed{4}$ 式を簡単にしてから数を代入する。
(1) $(24x^2y-18xy^2)\div(-6)=-4x^2y+3xy^2$
$\quad =-4\times(-4)^2\times 3+3\times(-4)\times 3^2$
$\quad =-12\times 16-12\times 9$
$\quad =-12\times(16+9)=-12\times 25=-300$

(2) $\dfrac{2}{3}(3x-9y)-\dfrac{1}{4}(8x-20y)$
$\quad =2x-6y-2x+5y=-y=-3$

$\boxed{5}$ (1) 両辺に 15 をかけて　$5x-3y=0$

$3y=5x$ より　$y=\dfrac{5}{3}x$

(2) 両辺に 4 をかけて　$4y=3ax$　$x=\dfrac{4y}{3a}$

(3) 移項して　$y+5=2x$　$x=\dfrac{y+5}{2}$

(4) $m=6a+6b$ より　$6a=m-6b$　$a=\dfrac{m-6b}{6}$

別解 両辺を 6 でわって　$a+b=\dfrac{m}{6}$

移項して　$a=\dfrac{m}{6}-b$

$\boxed{6}$ (2) $a+b=(7m+2)+(7n+3)$
$\quad =7m+7n+5=7(m+n)+5$
m，n は整数だから，$m+n$ は整数。よって，
$7(m+n)+5$ を 7 でわると，商は $m+n$，
余りは 5 となる。

$\boxed{7}$ (2) B の 1 辺の長さは $2a\,\mathrm{cm}$ だから，

$6\times(2a)^2\div 6a^2=\dfrac{24a^2}{6a^2}=4$（倍）

(3) $a^3\div(2a)^3=\dfrac{a^3}{8a^3}=\dfrac{1}{8}$（倍）

$\boxed{8}$ 3 つの連続する整数は，まん中の整数を n とすると，$n-1$，n，$n+1$ と表される。
したがって，3 けたの自然数は
$100(n-1)+10n+(n+1)$ と表される。

定期テスト対策

❶式の計算では，符号の書き忘れなどの不注意に
よる計算ミスをしないように気をつける。
❶$\boxed{6}$ や $\boxed{7}$ はよく出るタイプ。式を使った説明も
よく練習しておこう。

2章 連立方程式

❸ 連立方程式の解き方

p.20〜21 基礎問題の答え

1 (1) $x=-2$, $y=-7$　(2) $x=3$, $y=3$
　　(3) $x=1$, $y=2$　(4) $x=7$, $y=11$

解説 (1) 上の式を下の式に代入すると
$x-2(3x-1)=12 \longrightarrow x=-2$
上の式に代入して　$y=3\times(-2)-1=-7$
答えは，$(x, y)=(-2, -7)$ のように表しても
よい。
(2)も(1)と同様に考えるとよい。
(3) 上の式より　$x=y-1$ ……①
①を下の式に代入して　$3(y-1)+4y=11$
$\longrightarrow y=2$　①に代入して　$x=2-1=1$
(4)も(3)と同様に考えるとよい。

2 (1) $x=1$, $y=3$　(2) $x=4$, $y=-3$
　　(3) $x=-1$, $y=1$　(4) $a=-2$, $b=3$

解説 (1) 上の式から下の式の辺々をひくと　$3y=9$
$\longrightarrow y=3$　これを上の式に代入すると
$x+3=4 \longrightarrow x=1$
(2) 上の式と下の式の辺々を加えて，y を消去する。
x の値が求まれば，どちらかの式に代入して y の値
を求める。
(3) 上の式と下の式の両辺を 2 倍した式の辺々を加
えて，x を消去する。
$$\begin{array}{r} 2x+3y=1 \\ +)\ -2x+2y=4 \\ \hline 5y=5 \longrightarrow y=1 \end{array}$$
下の式に代入して　$-x+1=2 \longrightarrow x=-1$
(4) 上の式の両辺を 3 倍した式から下の式の辺々を
ひいて，a を消去する。

3 (1) $x=3$, $y=1$　(2) $x=2$, $y=-3$
　　(3) $x=1$, $y=-1$　(4) $x=-5$, $y=4$

解説 (1) 上の式×2＋下の式×3で，y を消去する。
(2) 上の式×4＋下の式×3で，x を消去する。
(3) 上の式×5－下の式×3で，y を消去する。
(4) 上の式×2＋下の式×3で，x を消去する。

4 (1) $x=5$, $y=3$　(2) $x=1$, $y=0$

(3) $x=4$, $y=6$　**(4)** $x=-1$, $y=2$

解説 かっこのある式は，かっこをはずして簡単にす
る。
(1) $7x-2(x+y)=19 \longrightarrow 5x-2y=19$ ……①
$7x-8y=11$ ……②
①×4－②で，y を消去するとよい。
(2) $2x-(x-2y)=1 \longrightarrow x+2y=1$ ……①
$8x-(y-3x)=11 \longrightarrow 11x-y=11$ ……②
①＋②×2で，y を消去する。
(3) $3x+y=3(12-y) \longrightarrow 3x+4y=36$ ……①
$7x-2y=16$ ……②
①＋②×2で，y を消去する。
(4) $3(x-2y)=y-17 \longrightarrow 3x-7y=-17$ ……①
$8x+y=2(x-y) \longrightarrow 2x+y=0$ ……②
①＋②×7で，y を消去する。

5 (1) $x=15$, $y=-6$　(2) $x=15$, $y=-15$
　　(3) $x=1$, $y=1$　(4) $x=2$, $y=-3$

解説 係数が小数の方程式は，両辺を 10 倍，100 倍
して，係数が整数の方程式にしてから解く。
**係数が分数の方程式は，分母の最小公倍数を両辺に
かけて，係数が整数の方程式にしてから解く。**
(2) 各式の両辺を 10 倍すると
$$\begin{cases} 2x+7y=-75 & \cdots\cdots① \\ 3x+5y=-30 & \cdots\cdots② \end{cases}$$
①×3－②×2で，x を消去する。

6 (1) $x=2$, $y=4$　(2) $x=3$, $y=-2$

解説 $A=B=C$ の形の連立方程式は，
$$\begin{cases} A=C \\ B=C \end{cases} \begin{cases} A=B \\ A=C \end{cases} \begin{cases} A=B \\ B=C \end{cases}$$
のいずれかの形になおして解く。
(2) $\begin{cases} x+4y=x-2y-12 \\ 3x+7y=x-2y-12 \end{cases}$ の形になおすと，
上の式が $6y=-12$ となり，解きやすくなる。

p.22〜23 標準問題の答え

1 (1) $x=-2$, $y=0$　(2) $x=3$, $y=-2$
　　(3) $x=-10$, $y=-3$　(4) $x=3$, $y=2$
　　(5) $x=-1$, $y=1$　(6) $x=3$, $y=-\dfrac{1}{2}$

解説 (3) $x-4(y-1)=6 \longrightarrow x-4y=2$
$3x-5y=x+y-2 \longrightarrow 2x-6y=-2$
この式の両辺を 2 でわると，$x-3y=-1$
係数は小さい方が計算が簡単になるので，等式のど

の項も共通な数の倍数になっているときは，その数で各項をわって，係数を小さくするとよい。

(4) $\begin{cases} 2x+y=8 \\ -x+3y=3 \end{cases}$ (5) $\begin{cases} 2x+y=-1 \\ 3x-y=-4 \end{cases}$

(6) $\begin{cases} x+2y=2 \\ x+4y=1 \end{cases}$

2 (1) $x=3,\ y=-6$ (2) $x=\dfrac{2}{5},\ y=5$

(3) $x=2,\ y=-1$ (4) $x=40,\ y=-100$

解説 (1) 各式の両辺を 10 倍して，係数を整数にする。

(2) 上の式は両辺を 100 倍して $100x=4y+20$

下の式の両辺を 100 倍して

$200x+119y=300x+121y-50$

$100x+2y=50$

(3) 各式の両辺を 10 倍して，

$50x+6y=94 \longrightarrow 25x+3y=47$

$2(x-y)=y+7 \longrightarrow 2x-3y=7$

(4) 各式の両辺を 100 倍して，

$20(x-10)=3(100-y) \longrightarrow 20x+3y=500$

$50(x-40)=3(y+100) \longrightarrow 50x-3y=2300$

3 (1) $x=2,\ y=3$ (2) $x=15,\ y=60$

(3) $a=30,\ b=30$ (4) $x=10,\ y=6$

解説 (2) 上の式は両辺に 3 をかけて $x+y+3x$

$=120 \longrightarrow 4x+y=120$

下の式は両辺に 5 をかけて

$x-y+5y=255 \longrightarrow x+4y=255$

(3) 上の式は両辺に 24 をかけて

$4a+3(a-b)=120 \longrightarrow 7a-3b=120$

下の式は両辺に 12 をかけて

$4a+3(b-a)=120 \longrightarrow a+3b=120$

(4) 上の式は両辺に 28 をかけて

$4(5+3x)-7(5y-2)+56=0$

$\longrightarrow 12x-35y=-90$

下の式は両辺に 10 をかけて

$6x+8(y-1)=100 \longrightarrow 6x+8y=108$

4 (1) $x=1,\ y=-2$ (2) $x=4,\ y=-3$

解説 $\begin{cases} A=C \\ B=C \end{cases}$ $\begin{cases} A=B \\ A=C \end{cases}$ $\begin{cases} A=B \\ B=C \end{cases}$ のいずれかの形になおして解く。

5 (1) $a=3,\ b=2$ (2) $a=3,\ b=2$

(3) $a=2,\ b=-7,\ c=3$

解説 (1) 連立方程式の x に 2，y に -1 を代入すると

$\begin{cases} 2a-b=4 \\ 2a+b=8 \end{cases}$ これを解いて $a=3,\ b=2$

(2) 組み合わせを変えて

$\begin{cases} x+2y=3 \ \cdots\cdots① \\ x+3y=4 \end{cases}$ $\begin{cases} ax-by=1 \ \cdots\cdots② \\ bx+ay=5 \end{cases}$

としても，それぞれが成り立つので，

①の解を求めると $(x,\ y)=(1,\ 1)$ である。

これを②に代入すると

$\begin{cases} a-b=1 \\ a+b=5 \end{cases}$ これを解いて $a=3,\ b=2$

(3) $cx-2y=19$ に $x=5,\ y=-2$ を代入すると，

$5c+4=19$ より $c=3$

次に，$ax+by=24$ に $x=5,\ y=-2$ を代入すると，

$5a-2b=24$

同じ式に $x=\dfrac{17}{2},\ y=-1$ を代入すると

$\dfrac{17}{2}a-b=24$ よって $17a-2b=48$

$\begin{cases} 5a-2b=24 \\ 17a-2b=48 \end{cases}$ これを解いて $a=2,\ b=-7$

❹ 連立方程式の利用

p.26〜27 **基礎問題の答え**

1 $\begin{cases} 2x+y=23 \\ y=5x+2 \end{cases}$ $\begin{cases} 小さい数 \cdots 3 \\ 大きい数 \cdots 17 \end{cases}$

解説 大きい数 y を小さい数 x でわると商が 5 で余りが 2 になることは，$y=5x+2$ と表される。

2 63 円切手 … 8 枚，84 円切手 … 4 枚

解説 63 円切手を x 枚，84 円切手を y 枚買うとすると，

$\begin{cases} x+y=12 \\ 63x+84y=840 \end{cases}$ これを解くと $x=8,\ y=4$

3 (1) $\begin{cases} x+y=3 \\ 16x+4y=30 \end{cases}$ (2) 6 km

解説 (1) $\begin{cases} x+y=3 \\ 16x+4y=30 \end{cases}$

これを解くと $x=1.5,\ y=1.5$

(2) 歩いた距離は $4\times 1.5=6$（km）

4 (1) A 管 … 5 kL，B 管 … 2.5 kL

(2) 2 時間 40 分

解説 (1) A管は毎時 x kL，B管は毎時 y kLの水を入れるとすると

$$\begin{cases} 3x+2y=20 \\ 2x+4y=20 \end{cases}$$ これを解くと $x=5,\ y=2.5$

(2) A管，B管を同時に使うと，1時間に $5+2.5$ (kL)ずつ入るから

$20÷(5+2.5)=2\dfrac{2}{3}$ (時間) すなわち，2時間40分

---

⑤ **メモ帳の値段 … 100円**
ノートの値段 … 180円

解説 メモ帳の値段を x 円，ノートの値段を y 円とする。メモ帳5冊，ノート3冊の代金の合計は $1200-160$ (円)だから

$$\begin{cases} 5x+3y=1200-160 \\ 3x+5y=1200 \end{cases}$$

これを解くと $x=100,\ y=180$

---

⑥ (1) ① $4x+2y+8$ ② 4 ③ 3 (2) 192

解説 設問文中に与えられた $x:y=3:4$ も連立方程式の1つの式として使う。

比例式 $a:b=c:d$ ならば $ad=bc$ であるから，$4x=3y$ という等式と同じ。

---

⑦ **10%の食塩水 … 240 g，5%の食塩水 … 360 g**

解説 10%の食塩水を x g，5%の食塩水を y g混ぜるとすると

$$\begin{cases} x+y=600 \\ 0.1x+0.05y=600×0.07 \end{cases}$$

これを解くと $x=240,\ y=360$

---

⑧ **男子 … 231人，女子 … 190人**

解説 昨年の男子を x 人，女子を y 人とすると

$$\begin{cases} 0.1x-0.05y=11 \\ x+y=421-11 \end{cases}$$

これを解くと $x=210,\ y=200$
今年の男子は $210×1.1=231$ (人)
今年の女子は $200×0.95=190$ (人)

---

p.28〜29 標準問題の答え

① **家から A駅までの道のり … 1.6 km**
A駅から B駅までの道のり … 24 km

解説 家から A駅までの道のりを x km，A駅から B駅までの道のりを y km とすると

$$\begin{cases} x+y=25.6 \\ \dfrac{x}{4}+\dfrac{y}{80}=\dfrac{47}{60}-\dfrac{5}{60} \end{cases}$$

これを解くと $x=1.6,\ y=24$

---

② **男子 … 24人，女子 … 16人**

解説 男子 x 人，女子 y 人とすると

$$\begin{cases} x+y=40 \\ 14x+15y=14.4×40 \end{cases}$$

これを解くと $x=24,\ y=16$

---

③ **合金 A … 2 g，合金 B … 4 g**

解説 合金 A を x g，合金 B を y g混ぜる予定であったとすると

$$\begin{cases} 0.45x+0.75y=0.65(x+y) \\ 0.45x+0.75(y-3)=0.55(x+y-3) \end{cases}$$

これを解くと $x=2,\ y=4$

---

④ **468人**

解説 昨年の男子を x 人，女子を y 人とすると

$$\begin{cases} x+y=850 \\ 0.04x+0.03y=30 \end{cases}$$

これを解くと $x=450,\ y=400$
今年の男子の人数は $450×1.04=468$ (人)

---

⑤ **35**

解説 もとの整数の十の位の数を x，一の位の数を y とすると

$$\begin{cases} 2x=y+1 \\ 10y+x=10x+y+18 \end{cases}$$

これを解くと $x=3,\ y=5$
もとの整数は 35

---

⑥ (1) $$\begin{cases} x+24=y+2x \\ 150(x+y)+150×0.8×2x \\ \qquad +100(80-3x-y)=10000 \end{cases}$$

(2) **150円で売った個数 … 24個**
2割引きで売った個数 … 40個
100円で売った個数 … 16個

解説 (1) 午後0時から午後5時までに売ったのは $y+2x$ (個)，それが午前中より24個多いから，
個数については，$x+24=y+2x$
売り上げについては，
150円で売ったのが $x+y$ (個)
2割引きで売ったのが $2x$ 個

100円で売ったのは，残りの 80－3x－y（個）
だから

150（x＋y）＋150×0.8×2x＋100（80－3x－y）
＝10000

(2) (1)を解くと，x＝20，y＝4 と求められる。

x，y がそのまま答えにならないことに注意する。

7 8秒

解説 この列車の速さを秒速 x m，長さを y m とすると

$$\begin{cases} 580＋y＝40x \\ 1380＋y＝80x \end{cases}$$ これを解くと x＝20，y＝220

この列車は秒速 20 m，長さ 220 m である。

この列車と秒速 30 m，長さ 180 m の急行列車が対向して進むとき，出会ってから完全に離れるまでには，両列車の先頭は 1 秒間に 20＋30（m）ずつ離れていき，220＋180（m）進むことになるから，所要時間は （220＋180）÷（20＋30）＝8（秒）

参考 この 2 つの列車が同方向に進み，急行が追いついてから追いこすまでの時間は
（220＋180）÷（30－20）＝40（秒）である。

---

p.30〜31 **実力アップ問題の答え**

1 (1) x＝－4，y＝6
(2) x＝11，y＝23 (3) x＝1，y＝－2
(4) x＝3，y＝$\frac{1}{2}$

2 (1) x＝－3，y＝－2
(2) x＝2，y＝4 (3) x＝96，y＝60
(4) x＝－14，y＝2

3 (1) a＝3，b＝2 (2) a＝1，b＝2

4 75 円のノート … 8 冊，
100 円のノート … 4 冊

5 90 点 … 4 回，95 点 … 6 回

6 男子 … 400 人，女子 … 240 人

7 材料費 … 540 円，加工代 … 420 円

8 257

解説 **1** (1) 下の式より 4y＝－6x であるから，代入法で y が消去できる。(2)も代入法。
(3)，(4)は加減法で，まず y を消去する。
2 それぞれの方程式を簡単にしてから解く。

(1) $\begin{cases} 2x－3y＝0 \\ 9x－21y＝15 \end{cases}$ (2) $\begin{cases} 3x－y＝2 \\ －2x＋3y＝8 \end{cases}$

---

(3) $\begin{cases} 3x－4y＝48 \\ －5x＋3y＝－300 \end{cases}$ (4) $\begin{cases} 4x＋35y＝14 \\ 2x－21y＝－70 \end{cases}$

3 (1) x に －9，y に 4 を代入すると

$\begin{cases} －9a＋4b＝－19 \\ 4a－9b＝－6 \end{cases}$ これを解いて a＝3，b＝2

(2) 2組の連立方程式が同じ解をもつから，

$\begin{cases} 7x＋4y＝2 \\ 8x－3y＝25 \end{cases}$ ……① と $\begin{cases} ax－by＝8 \\ bx－ay＝7 \end{cases}$ ……②

も同じ解をもつ。①を実際に解いて，その解を②に代入し，a，b についての連立方程式を解く。

4 75 円のノートを x 冊，100 円のノートを y 冊買ったとすると，

$\begin{cases} x＋y＝12 \\ 75x＋100y＝1000 \end{cases}$ これを解くと x＝8，y＝4

5 90 点が x 回，95 点が y 回あったとすると，

$\begin{cases} x＋y＝10 \\ 90x＋95y＝930 \end{cases}$ これを解くと x＝4，y＝6

6 入学志願者の男子を x 人，女子を y 人とする。

x：y＝5：3 より 3x＝5y ……①

合格者 200 人の男女の比が 3：2 だから

合格者の男子は 200×$\frac{3}{5}$＝120（人）

合格者の女子は 200－120＝80（人）

不合格者の男子は x－120（人）

女子は y－80（人）で，その比が，7：4 だから

（x－120）：（y－80）＝7：4

4（x－120）＝7（y－80）……②

①と②を連立させて解けばよい。

7 昨年の材料費を x 円，加工代を y 円とすると

$\begin{cases} x＋y＝900 \\ 0.08x＋0.05y＝60 \end{cases}$

これを解くと x＝500，y＝400

今年の材料費は 500×1.08＝540（円）

今年の加工代は 400×1.05＝420（円）

8 3けたの自然数の百の位の数を x，一の位の数を y とすると，

$\begin{cases} x＋5＋y＝7x \\ 100y＋50＋x＝100x＋50＋y＋495 \end{cases}$

これを解くと x＝2，y＝7

もとの自然数は 257

定期テスト対策

●計算は速く・正確に！ 解が求まれば，もとの式に代入して成り立つことを確かめよう。

●応用問題で，求めるもの以外を x，y としたときは，答えに注意すること。

3章 1次関数

❺ 1次関数とグラフ

p.34〜35 基礎問題の答え

1 (1) $y=2x+10$, **1次関数である**

(2) $y=6x^2$, **1次関数でない**

(3) $y=\dfrac{1}{2}x$, **1次関数である**

(4) $y=-150x+1000$, **1次関数である**

(5) $y=-\dfrac{1}{10}x+50$, **1次関数である**

解説 x, y の等式を y について解いたとき, $y=ax+b$ の形になれば1次関数である。

(1) $y=2(5+x)=2x+10$

(3) x 分 $=\dfrac{x}{60}$ 時間だから, $y=30\times\dfrac{x}{60}=\dfrac{1}{2}x$

$y=ax$ は, $y=ax+0$ の形だから1次関数。

(4) $y=1000-150x=-150x+1000$

(5) 1 L のガソリンで 10 km 走るから, 1 km 走るのにガソリンは $\dfrac{1}{10}$ L いる。

$y=50-\dfrac{1}{10}x=-\dfrac{1}{10}x+50$

2 (1) 0.5 cm

(2) $y=0.5x+5$
$0\leqq x\leqq 50$,
$5\leqq y\leqq 30$

(3) **y の増加量**
  … 5,
変化の割合
  … 0.5

(4) **右上の図** (5) **40 分後**

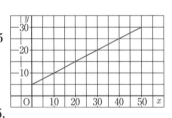

解説 (1) 水道で水を入れるとき, 10 分間に水面は, $10-5=5$ (cm) 高くなるから, 1 分間には $5\div 10=0.5$ (cm) 高くなる。

(2) 水面の高さが 1 分間に 0.5 cm 高くなるから $y=0.5x+5$ と表せる。

水面の高さは時間とともに高くなり, 水の深さが 30 cm になるのは, $y=30$ のときで $30=0.5x+5$ これを解くと $x=50$

x の変域は $0\leqq x\leqq 50$

y の変域は $5\leqq y\leqq 30$

(3) x の値が 10 から 20 まで増加するとき, y は 10 から 15 まで増加するので,

y の増加量は 5

変化の割合 $=\dfrac{5}{10}=0.5$

	x	10	20
	y	10	15

(4) $y=0.5x+5$ だから, 傾き 0.5, 切片 5 のグラフをかく。または, $x=0$ のとき $y=5$, $x=50$ のとき $y=30$ だから, 2点 $(0,\ 5)$, $(50,\ 30)$ を結ぶ線分をかく。変域外の部分はかかない。

(5) $y=0.5x+5$ で, $y=25$ のときだから $25=0.5x+5$ これを解くと $x=40$

水の深さが 25 cm になるのは, 水を入れはじめてから 40 分後である。

3 (1) **右の図**

① **傾き** … 2
  切片 … -4

② **傾き** … $-\dfrac{1}{3}$
  切片 … 3

(2) $y=2x$

(3) $y=-\dfrac{1}{3}x+1$

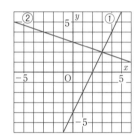

解説 傾きの等しい直線は平行である。

(2) ① のグラフと平行な直線の式は $y=2x+b$
原点を通るから $b=0$

(3) ② のグラフと平行な直線の式は

$y=-\dfrac{1}{3}x+b$ 点 $(-3,\ 2)$ を通るので

$2=-\dfrac{1}{3}\times(-3)+b \longrightarrow b=1$

4 (1) **エ, オ** (2) **ウ, オ, カ** (3) **オ**

解説 (1) グラフが点 $(0,\ 9)$ を通る⇔切片が 9 のものは**エ**と**オ**

(2) グラフが点 $(2,\ 6)$ を通る⇔$x=2$ のとき, $y=6$

各式の x に 2 を代入して, y の値が 6 となるものをさがす。

(3)も(2)と同様にして調べる。

または, $y=0$ として, x の方程式の解が 6 になるものを見つけてもよい。

5 (1) $y=-4x+10$ (2) $y=3x-6$

(3) $y=x+7$

解説 (1) グラフが点 $(0, 10)$ を通るから，切片が 10，傾きが -4 で，式は $y = -4x + 10$

(2) 平行な直線の傾きは等しいから，傾き 3
式を $y = 3x + b$ とおくと，点 $(-1, -9)$ を通るから，$-9 = -3 + b \longrightarrow b = -6$

(3) グラフが直線だから，式は $y = ax + b$
点 $(-3, 4)$ を通るから　$4 = -3a + b$ ……①
点 $(3, 10)$ を通るから　$10 = 3a + b$　……②
①，②を連立させて解くと，$a = 1$，$b = 7$

別解 変化の割合 $= \dfrac{10 - 4}{3 - (-3)} = 1$ だから，$y = x + b$
これに $x = -3$，$y = 4$ を代入して b の値を求める。

---

p.36〜37 標準問題の答え

1 (1) $y = ax + b$　(2) $a = 120$，$b = 200$
(3) 19 個

解説 (1) 代金＝ケーキ代＋箱代より　$y = ax + b$
(2) $y = ax + b$ で，$x = 3$ のとき $y = 560$ より
$560 = 3a + b$　また $x = 5$ のとき $y = 800$ より
$800 = 5a + b$　これを解いて a，b を求める。
(3) $x = 19$ のとき $y = 2480$
$x = 20$ のとき $y = 2600$ より，19 個まで。

2 (1) 4 秒後
(2) ① $y = -x + 12$
$0 \leqq x \leqq 6$
② 右の図
③ 最大値 … $y = 12$，
最小値 … $y = 6$
④ 4 秒後

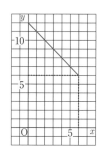

解説 (1) x 秒後は $AP = 2x$，$BQ = 12 - x$ だから，
$AP = BQ$ となるのは，$2x = 12 - x \longrightarrow x = 4$
(2) ① $y = \dfrac{1}{2} \times (12 - x) \times 2 = -x + 12$
x の変域は，P が D に着くまでだから，
$12 \div 2 = 6$ より，$0 \leqq x \leqq 6$
③は②でかいたグラフより，y は $x = 0$ のとき最大値 12，$x = 6$ のとき最小値 6 をとる。
④ $12 \times 2 \times \dfrac{1}{3} = 8$　$y = 8$ となる x は
$8 = -x + 12 \longrightarrow x = 4$

3 (1) $y = -\dfrac{2}{3}x - \dfrac{4}{3}$，$\left(0, -\dfrac{4}{3}\right)$

(2) $y = 3x + 11$，$\left(-\dfrac{11}{3}, 0\right)$

解説 グラフから，傾きと，通る 1 点の座標を読む。

(1) 傾きは $-\dfrac{2}{3}$ だから，$y = -\dfrac{2}{3}x + b$ とおく。

点 $(-2, 0)$ を通るから，$0 = -\dfrac{2}{3} \times (-2) + b$

$\longrightarrow b = -\dfrac{4}{3}$　よって，$y = -\dfrac{2}{3}x - \dfrac{4}{3}$

(2) 傾き 3，点 $(-3, 2)$ を通る。

4 (1) $y = -2x + 4$　(2) $y = 2x + 4$
(3) $y = 2x - 4$　(4) $y = -2x - 4$

解説 (1) A $(0, 4)$ を通るから，$y = ax + 4$ とおく。
B $(2, 0)$ を通るから，$0 = 2a + 4 \longrightarrow a = -2$
よって，$y = -2x + 4$
(2) B と y 軸について対称な点 B′ $(-2, 0)$ を通る
直線 AB′ で，式は $y = 2x + 4$
(3) A と x 軸について対称な点 A′ $(0, -4)$ を通る
直線 A′B で，式は $y = 2x - 4$
(4) 直線 A′B′ で，式は $y = -2x - 4$

参考 点 (x, y) と y 軸について対称な点は，
$(-x, y)$ で，(2)の式は(1)の式の x を $-x$ におきかえたものになっている。
点 (x, y) と x 軸について対称な点は $(x, -y)$ で，(3)の式は(1)の式の y を $-y$ におきかえたものになっている。
点 (x, y) と原点について対称な点は $(-x, -y)$ で，(4)の式は(1)の式の x を $-x$，y を $-y$ におきかえたものになっている。

5 (1) $a = 2$，$b = 6$　(2) B $(-3, 3)$，C $(3, 6)$
(3) 27　(4) $y = \dfrac{1}{2}x + \dfrac{9}{2}$

解説 (1) A $(6, 12)$ は，直線 $y = ax$ 上にあるから，
$12 = 6a \longrightarrow a = 2$
A $(6, 12)$ は，直線 $y = x + b$ 上にあるから，
$12 = 6 + b \longrightarrow b = 6$
(2) 点 B の y 座標は 3 で，直線 $y = x + 6$ 上の点だから，x 座標は　$3 = x + 6 \longrightarrow x = -3$
C は線分 OA の中点だから，C の x 座標，y 座標は A のそれぞれ半分で，C $(3, 6)$
参考 一般に，2 点 (a, b)，(c, d) の中点の座標は $\left(\dfrac{a+c}{2}, \dfrac{b+d}{2}\right)$ である。
(3) 直線①と y 軸の交点を D とすると，D $(0, 6)$
$\triangle OAB = \triangle OAD + \triangle OBD = \dfrac{6 \times 6}{2} + \dfrac{6 \times 3}{2} = 27$

別解 直線①と x 軸の交点を E として，
$\triangle OAB = \triangle OAE - \triangle OBE$
また，A，B から x 軸に垂線 AA′，BB′ をひき
$\triangle OAB =$ 台形 ABB′A′ $- \triangle AOA′ - \triangle BOB′$
としてもよい。
(4) C は OA の中点だから，OC＝CA
$\triangle BOC$ と $\triangle BCA$ は，底辺も高さも等しいので，面積が等しい。
よって，求める直線は BC である。直線の式を
$y = ax + b$ とおき，B，C の座標を代入して，a，b を求める。

⑥ 1次関数と方程式

p.40〜41　基礎問題の答え

1 (1) $4x + 3y - 12 = 0$　(2) $y - 3 = 0$

解説 (1) 傾き $-\dfrac{4}{3}$，切片 4 $\longrightarrow y = -\dfrac{4}{3}x + 4$
$\longrightarrow 3y = -4x + 12 \longrightarrow 4x + 3y - 12 = 0$

参考 $4x + 3y = 12$ として，両辺を 12 でわると，
$\dfrac{x}{3} + \dfrac{y}{4} = 1$　このとき，x の項の分母 3 は，x 軸との交点 (3，0) の x 座標，y の項の分母 4 は，y 軸との交点 (0，4) の y 座標と一致する。

2 右の図

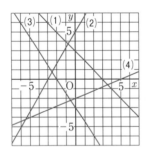

解説 (1) $y = 0$ として $x = 3 \longrightarrow$ (3，0)
$x = 0$ として $y = 3 \longrightarrow$ (0，3)
(2) $(-3，0)$，$(0，5)$
(3) $(-2，0)$，$(0，-3)$
(4) $(5，0)$，$(0，-2)$

3 (1) $x = 3$，$y = -2$　(2) $x = 6$，$y = 4$
(3) $x = 7$，$y = 6$　(4) 解はない

4 (1) A の水槽 … $y = 0.4x + 2$
B の水槽 … $y = -1.2x + 10$
(2) $(5，4)$　(3) 交点の x 座標 5 は，A，B の水槽の水量が同じになるのは今から 5 分後

であること，y 座標 4 は，A，B の水量が同時に 4 L になることを表す。

5 (1) M … $(0，0)$　B … $(10，0)$　C … $(20，100)$
D … $(40，100)$　A … $(50，0)$
(2) 右の図

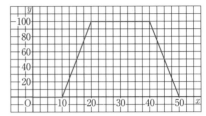

解説 P が MB 上 $(0 \leqq x \leqq 10)$ のとき，$y = 0$
P が BC 上 $(10 \leqq x \leqq 20)$ のとき，BP $= x - 10$
だから，$y = \dfrac{1}{2} \times 20 \times (x - 10) = 10x - 100$
P が CD 上 $(20 \leqq x \leqq 40)$ のとき，$y = 100$
P が DA 上 $(40 \leqq x \leqq 50)$ のとき，PA $= 50 - x$
だから，$y = \dfrac{1}{2} \times 20 \times (50 - x) = -10x + 500$

p.42〜45　標準問題の答え

1 ① $2x + y - 3 = 0$　② $3x - 4y + 4 = 0$
③ $y + 6 = 0$

解説 ② 傾き $\dfrac{3}{4}$，切片 1 $\longrightarrow y = \dfrac{3}{4}x + 1$
$\longrightarrow 4y = 3x + 4 \longrightarrow 3x - 4y + 4 = 0$

2 右の図

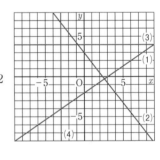

解説 (1) $y = 0$ として
$x = 3 \longrightarrow$ (3，0)
$x = 0$ として $y = -2$
$\longrightarrow$ (0，-2)
(2) $5x + 4y - 12 = 0$
$\longrightarrow y = -\dfrac{5}{4}x + 3$

3 (1) アとオ，イとウ，エとキ　(2) ア，キ

解説 (1) ア の $y = 0$ は x 軸，オ は $y = 2$ で x 軸に平行だから，ア とオは平行。他は，$y = ax + b$ の形に変形すると，傾きが等しいものが平行。

4 (1) $a = 3$，$b = -4$，$p = 4$，$q = 6$，$r = 12$
(2) $(3，-4)$

解説 (1) 原点を通るので④の式が(イ)で，(ア)と(イ)は平行な直線だから，③の式が(ア)，③は $(-4，0)$，

$(0, 3)$ を通るので
$(-4, 0)$ を通る $\longrightarrow$ $-4a+12=0$ $\longrightarrow$ $a=3$
$(0, 3)$ を通る $\longrightarrow$ $3b+12=0$ $\longrightarrow$ $b=-4$
(エ)の式は $px+2y-4=0$ となり，y 軸との交点
$(0, 2)$ だから，グラフは②
②は $(1, 0)$ を通る $\longrightarrow$ $p-4=0$ $\longrightarrow$ $p=4$
残りの(ウ)は $4x+qy+r=0$ で，グラフは①
$(-3, 0)$ を通る $\longrightarrow$ $-12+r=0$ $\longrightarrow$ $r=12$
$(0, -2)$ を通る $\longrightarrow$ $-2q+12=0$ $\longrightarrow$ $q=6$
(2) $\begin{cases} 4x+6y+12=0 \\ 4x+2y-4=0 \end{cases}$ を解くと，$(x, y)=(3, -4)$

5 28 cm²

解説 (ア)〜(ウ)のグラフは，
右の図のようになる。
(ア)と(イ)の交点を A，(イ)
と(ウ)の交点を B，(ア)と
(ウ)の交点を C，(イ)と y
軸との交点を D とす
ると，A〜D の座標は，
A$(4, -2)$，B$(-4, -4)$，C$(0, 4)$，
D$(0, -3)$ となる。

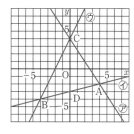

$\triangle$ACD の面積は，$\dfrac{1}{2} \times 7 \times 4 = 14$（cm²）

$\triangle$BCD の面積は，$\dfrac{1}{2} \times 7 \times 4 = 14$（cm²）

$\triangle$ABC＝$\triangle$ACD＋$\triangle$BCD だから，$\triangle$ABC の面積は 28 cm² となる。

6 (1) $a=-2$ (2) $b=5$ (3) $a=11$
(4) $-4 \leqq a \leqq -1$

解説 (1) $\begin{cases} x+y=3 \\ 3x-2y=-1 \end{cases}$ を解くと，$(x, y)=(1, 2)$
直線 $ax-y+4=0$ は点 $(1, 2)$ を通るので，
$a-2+4=0$ $\longrightarrow$ $a=-2$
(2) $\begin{cases} x-y=1 \\ x+3y=9 \end{cases}$ を解くと，$(x, y)=(3, 2)$
直線 $x+y=b$ は点 $(3, 2)$ を通るので，
$3+2=b$ $\longrightarrow$ $b=5$
(3) 3 つの直線の傾きは決まっていて，どの 2 本も
平行でないから，三角形を作らないのは 3 直線が 1
点で交わるときである。
$\begin{cases} x+2y+1=0 \\ 2x-y-3=0 \end{cases}$ を解くと，$(x, y)=(1, -1)$
直線 $4x-7y-a=0$ が点 $(1, -1)$ を通るのは

$4+7-a=0$ $\longrightarrow$ $a=11$
(4) $ax-y+3=0$ より
$y=ax+3$ この直線は，y 軸
上の点 $(0, 3)$ を通る。傾き
a は，A$(1, -1)$ を通ると
き最小，B$(2, 1)$ を通るとき
最大となる。

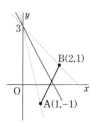

7 (1) 1 秒後 … $y=3$
4 秒後 … $y=5$
(2) $y=2x-3$
(3) 右の図
(4) $\dfrac{15}{4}$ 秒後

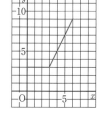

解説 (1) 1 秒後は，AP＝2 cm，
BQ＝1 cm だから，
$y=\dfrac{1}{2} \times (2+1) \times 2 = 3$
4 秒後は，AP＝1 cm，BQ＝4 cm だから，
$y=\dfrac{1}{2} \times (1+4) \times 2 = 5$
(2) $3 \leqq x \leqq 6$ のとき，台形 ABQP の上底は
$(x-3)$ cm，下底は x cm となるから，
$y=\dfrac{1}{2} \times \{(x-3)+x\} \times 2 = 2x-3$
(3) $0 \leqq x \leqq 3$ のときは，$y=3$ となる。
(4) 台形 ABCD の面積は，
$\dfrac{1}{2} \times (3+6) \times 2 = 9$（cm²）だから，
$y=\dfrac{9}{2}$ となるときの x の値を求めればよい。
(3)のグラフより，$y=\dfrac{9}{2}$ となるのは x の変域が
$3 \leqq x \leqq 6$ のとき。(2)より $\dfrac{9}{2}=2x-3$ $\longrightarrow$ $x=\dfrac{15}{4}$

8 (1) $y=\dfrac{1}{2}x+2$ (2) $\left(-\dfrac{2}{3}, \dfrac{5}{3}\right)$
(3) $\left(-\dfrac{8}{5}, \dfrac{6}{5}\right)$

解説 (1) 傾き $\dfrac{2}{4}=\dfrac{1}{2}$，切片 2 だから，$y=\dfrac{1}{2}x+2$
(2) 点 E の x 座標を t とすると，直線 $y=\dfrac{1}{2}x+2$
上の点だから，y 座標は $\dfrac{1}{2}t+2$ と表されるので，
E$\left(t, \dfrac{1}{2}t+2\right)$ また，P$(t, 0)$
EP＝PD となる t は

13

$\dfrac{1}{2}t+2=1-t$　これを解いて　$t=-\dfrac{2}{3}$

よって，E の座標は $\left(-\dfrac{2}{3},\ \dfrac{5}{3}\right)$

(3) $\triangle EBD=\dfrac{1}{2}\triangle ABC$ だから

$\dfrac{1}{2}\times5\times\left(\dfrac{1}{2}t+2\right)=\dfrac{1}{2}\times6\times2\times\dfrac{1}{2}$

これを解いて　$t=-\dfrac{8}{5}\ \longrightarrow\ E\left(-\dfrac{8}{5},\ \dfrac{6}{5}\right)$

9 (1) $y=60x$

$0\leqq x\leqq40$

(2) 右の図

(3) ① 右の図

② 時刻

…9 時 30 分

場所

…家から 1800 m 離れたところ

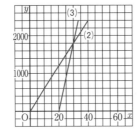

解説 (1) 分速 60 m なので，

(距離)＝(速さ)×(時間) より，$y=60x$

40 分後には 2400 m 歩いて公園に着くことになるので，x の変域は　$0\leqq x\leqq40$

(2) x 軸の 1 目もりは 5 分，y 軸の 1 目もりは 200 m。
(1)より，点 (0, 0) から点 (40, 2400) までのグラフ。

(3) ① A さんの弟は 9 時 20 分に家を出発したことになるから，点 (20, 0) からグラフをかきはじめる。
② A さんと A さんの弟のグラフの交点
(30, 1800) が，追いついた時刻と場所を表す。

10 (1) 時速 12 km

(2) $0\leqq x\leqq\dfrac{2}{3}$ のとき　$y=12x$

$\dfrac{2}{3}\leqq x\leqq\dfrac{7}{6}$ のとき　$y=8$

$\dfrac{7}{6}\leqq x\leqq\dfrac{11}{6}$ のとき　$y=-12x+22$

(3) ① 右の図

$y=4x+2$

$\left(-\dfrac{1}{2}\leqq x\leqq\dfrac{3}{2}\right)$

② 15 分後に追い
こし，75 分後に出会う。

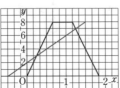

例 グラフ上では，追いこす時間は傾き
が同符号の直線の交点，出会う時間は傾
きが異符号の直線の交点になっている。

解説 (1) x 軸の 1 目もりは 10 分だから，自転車は 10 分で 2 km 進む。時速は 12 km である。

(2) x の変域は時間の単位で示す。

$0\leqq x\leqq\dfrac{2}{3}$ で $y=12x$，　$\dfrac{2}{3}\leqq x\leqq\dfrac{7}{6}$ で $y=8$

$\dfrac{7}{6}\leqq x\leqq\dfrac{11}{6}$ では，2 点 $\left(\dfrac{7}{6},\ 8\right)$，$\left(\dfrac{11}{6},\ 0\right)$ を通る
直線の式を $y=ax+b$ として，a, b を求める。

(3) ① B 君は A 君が出発する 30 分前に家を出るから，グラフは $\left(-\dfrac{1}{2},\ 0\right)$ からはじまり，30 分で
2 km 進むから，点 (0, 2) を通る直線である。

② グラフでは交点の x 座標が正確に読めないので，連立方程式の解として求める。

---

p.46～47 　**実力アップ問題の答え**

1 (1) $y=\dfrac{8}{3}$　(2) $-\dfrac{8}{3}$　(3) -9

(4) $0\leqq y\leqq6$

2 (1) $y=3x-2$　(2) $y=-\dfrac{4}{3}x+3$

(3) $y=\dfrac{1}{2}x-5$　(4) $y=-5x+8$

3 (1) $y=\dfrac{2}{3}x-2$　(2) $y=-\dfrac{2}{3}x-2$

4 (1) $y=2x+30$，$0\leqq x\leqq60$

(2) 90 cm　(3) 35 分後

5 (1) 下の図　(2) A $(-4,\ -5)$，B $(4,\ 1)$，
C $(0,\ 3)$

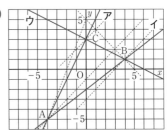

(3) ① $n=-1$　② $-3\leqq n\leqq3$

(4) ① $m=-1$　② $-1<m<\dfrac{5}{2}$

6 $a=-7$，$b=7$

解説 **1** (2) $-\dfrac{2}{3}\times4=-\dfrac{8}{3}$

(3) $-\dfrac{2}{3}x=6\ \longrightarrow\ x=-9$

(4) $y=-\dfrac{2}{3}x+4$ に $x=-3$，$x=6$ を代入する。

2 (1) $y=3x+b$ とおける。$x=0$ のとき
$y=-2$ だから，$-2=b$ より $b=-2$

(2) 変化の割合＝$\dfrac{-4}{3}=-\dfrac{4}{3}$，$y=-\dfrac{4}{3}x+b$ で，

$x=3$ のとき $y=-1$ だから

$$-1=-\frac{4}{3}\times 3+b \longrightarrow b=3$$

(3) $y=ax+b$ で

$(2, -4)$ を通る $\longrightarrow 2a+b=-4$

$(-2, -6)$ を通る $\longrightarrow -2a+b=-6$

これを解くと, $a=\frac{1}{2}$, $b=-5$

(4) 傾きは -5 だから, $y=-5x+b$ とおく。

$(3, -7)$ を通る $\longrightarrow -7=-15+b$ より $b=8$

③ (2)は, (1)で求めた式の x を $-x$ にかえたものになる。

④ (1) 毎分 $100\,L=100000\,cm^3$ 入り, 底面積が $250\times200=50000\,(cm^2)$ だから, 水面は毎分 $100000\div50000=2\,(cm)$ 上がる。

よって, $y=2x+30$　x の変域　$0\leqq x\leqq60$

(2) $x=30$ のとき, $y=2\times30+30=90\,(cm)$

(3) $5\,kL=5000000\,cm^3$

水面の高さは, $5000000\div50000=100\,(cm)$

$100=2x+30 \longrightarrow x=35$

⑤ (3) ① A$(-4, -5)$ を通るので

$-5=-4+n \longrightarrow n=-1$

② 直線 $y=x+n$ は傾きが 1, 切片が n の直線だから, n の値によって直線は上下に平行移動する。答えの図から, 三角形と交点をもつのは,

直線が C を通るとき n は最大で, $n=3$

直線が B を通るとき n は最小で, $n=-3$

よって, $-3\leqq n\leqq3$

(4) ① B$(4, 1)$ を通るので

$1=4m+5 \longrightarrow m=-1$

② 直線 $y=mx+5$ は, 点 $(0, 5)$ を通る直線で, m の値によって傾きが変わる。答えの図から, 三角形と交点をもたないのは, 傾きが B を通る場合の $m=-1$ より大きく, A を通る場合の

$-5=-4m+5 \longrightarrow m=\frac{5}{2}$ より小さいときである

から, $-1<m<\frac{5}{2}$

⑥ 一致する交点を (x, y) とすると, 交点の座標はどの直線の式もみたすので, 4 つの方程式は同時に成り立つ。

a や b をふくまないものを組にした連立方程式

$$\begin{cases} y=3x-5 \\ 2x-5y+1=0 \end{cases}$$ の解は $(x, y)=(2, 1)$

交点は $(2, 1)$ である。

$y=ax+15 \longrightarrow 1=2a+15 \longrightarrow a=-7$

$3x+y=b \longrightarrow 6+1=b \longrightarrow b=7$

4章 平行と合同

❼ 平行線と角, 多角形の角

p.50〜51　基礎問題の答え

① (1) $x=50$, $y=45$, $z=55$

　(2) $x=35$, $y=125$　(3) $x=36$

解説 (1) 対頂角は等しいから, $y=45$, $z=55$

$x=180-(45+30+55)=50$

② 図のように $\angle a$ のとなりの角を $\angle c$ とする。

(1) 例 $\ell /\!/ m$ のとき, 錯角は等しいから $\angle c=\angle b$

また, $\angle a+\angle c=180°$ なので, $\angle a+\angle b$

$=\angle a+\angle c=180°$

(2) いえる。

解説 (2) (1)の答えの図で, $\angle a+\angle b=180°$

また, $\angle a+\angle c=180°$ だから, $\angle b=\angle c$

よって, 錯角が等しいので, $\ell /\!/ m$

参考 2 直線に 1 直線が交わるとき, $\angle a$ と $\angle b$ を同側内角という。(1), (2)からわかるように, $\ell /\!/ m$ ならば $\angle a+\angle b=180°$

$\angle a+\angle b=180°$ ならば $\ell /\!/ m$

③ (1) $\angle x=60°$, $\angle y=120°$

　(2) $\angle x=75°$, $\angle y=85°$

　(3) $\angle x=110°$, $\angle y=80°$

解説 平行線の同位角, 錯角が等しいことや, 対頂角が等しいこと, また直線になる角は $180°$ であることなどを使って求める。

(1) $\angle x=180°-(63°+57°)$, $\angle y=63°+57°$

(2) $\angle x=180°-105°$

同側内角の関係より, $\angle y=180°-95°$

(3) $\angle x = 180° - 70°$, $\angle y = 180° - 100°$

4 (1) 例 $\ell /\!/ m$ だから，$\angle a = \angle b$

$\ell /\!/ n$ だから，$\angle a = \angle c$

よって，$\angle b = \angle c$

同位角が等しいから，$m /\!/ n$

(2) $a /\!/ c /\!/ f$，$b /\!/ d$

解説 (2) 錯角または同位角が等しいものは平行である。対頂角は等しいことや，直線になる角は180°であることを使って調べるとよい。

5 (1) 40° (2) 20° (3) 54°

解説 (1) $\angle x = 120° - 80°$

(2) $\angle x = 180° - (75° + 50° + 35°)$

(3) まん中の交わっているところの外角と内角の関係から，$\angle x + 35° = 48° + 41°$

6 (1) 90° (2) 120° (3) 75°

解説 (1) 五角形の内角の和は，$180° \times (5-2) = 540°$

$\angle x = 540° - (114° + 96° + 125° + 115°)$

(2) 六角形の内角の和は，$180° \times 4 = 720°$

$\angle x = 720° - (110° + 134° + 125° + 127° + 104°)$

(3) 外角の和は360°だから

$\angle x = 360° - (75° + 95° + 115°)$

7 1つの内角 … 108°，1つの外角 … 72°

解説 正多角形の内角や外角はすべて等しいから，

1つの外角は，$360° \div 5 = 72°$

1つの内角は，$180° - 72° = 108°$

p.52〜53 標準問題の答え

1 (1) $\angle x = 50°$，$\angle y = 60°$

(2) $\angle x = 18°$，$\angle y = 46°$

(3) $\angle x = 15°$，$\angle y = 165°$

解説 (1) $\angle y = 60°$，$\angle x = 180° - (60° + 70°)$

(2) $\angle x = 180° - 162° = 18°$

152°の角ととなり合う角は

$180° - 152° = 28°$

図のように，$\angle y$ の頂点を通って ℓ と平行な直線をひくと，m とも平行になり，錯角の関係から

$\angle y = 18° + 28°$

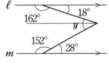

(3) 図のように平行線をひいて考えると

$70° - 45° = 25°$，

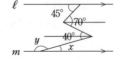

$40° - 25° = 15°$，$\angle x = 15°$

$\angle y = 180° - 15°$

2 AB$/\!/$EF，AD$/\!/$CF

解説 AB と EF は錯角が38°で，AB$/\!/$EF

AD と BE の作る角は66°

CF と BE の作る角は $180° - 114° = 66°$

同位角が66°で，AD$/\!/$CF

3 (1) 90°

(2) 例 AB$/\!/$CD だから，$\angle$APQ $= \angle$DQP

よって，$\angle$SPQ $= \angle$PQR

錯角が等しいから，PS$/\!/$RQ

解説 (1) $\angle$BPQ $+ \angle$PQD

$= 2\angle$QPR $+ 2\angle$PQR $= 180°$

よって，$\angle$QPR $+ \angle$PQR $= 90°$

三角形の内角の和は180°だから

$\angle$PRQ $= 180° - (\angle$QPR $+ \angle$PQR$)$

$= 180° - 90° = 90°$

(2) $\angle$SPQ $+ \angle$QPR $= \angle$SPR $= 90°$

$\angle$PRQ $= 90°$ だから，PS$/\!/$RQ といってもよい。

4 $x = b + c - a$

解説 $\angle$DAE は $\triangle$ADC の A での外角であるから，

$x + a = b + c \longrightarrow x = b + c - a$

5 $90° + \dfrac{1}{2}a°$

解説 $\angle$BPC $= 180° - (\angle$PBC $+ \angle$PCB$)$

$\angle$PBC $+ \angle$PCB $= \dfrac{1}{2}(\angle$B $+ \angle$C$)$

$= \dfrac{1}{2}(180° - \angle$A$) = \dfrac{1}{2}(180° - a°)$

よって，$\angle$BPC $= 180° - \dfrac{1}{2}(180° - a°)$

$= 90° + \dfrac{1}{2}a°$

6 (1) ① 113° ② 237° (2) 180°

解説 (1) ① 30°の角の辺を延長して，2つの三角形に分けると，外角 $= 30° + 58°$

$\angle x = (30° + 58°) + 25° = 113°$

② 52°の角の辺を延長して，四角形と三角形に分けると，

$360° - (83° + 143° + 52°) = 82°$

$\angle x = (82° - 25°) + 180° = 237°$

(2) AとCを結ぶ。AEとCDの交点をPとすると，
∠PAC+∠PCA＝∠D+∠E
△ABCの内角の和は180°だから
∠A+∠B+∠C+∠D+∠E＝180°

7 (1) 正九角形　(2) 正十二角形
(3) 正二十四角形

解説 (1) n 角形とすると，$180° × (n-2)＝1260°$
➡ $n-2＝7$　よって，$n＝9$
(2) $30° × n＝360°$ より　$n＝12$
(3) 外角＝$180°-165°＝15°$
$15° × n＝360°$ より　$n＝24$

⑧ 図形の合同

p.56〜57　基礎問題の答え

1 (1) AB＝10cm，AD＝6cm，FG＝8cm，
GH＝5cm
(2) ∠A＝80°，∠D＝113°，∠F＝60°，
∠G＝107°，∠H＝113°

解説 (1) まず，どの頂点とどの頂点が対応するかを
はっきりさせる。
四角形 ABCD≡四角形 EFGH である。
(2) ∠A＝∠E＝80° であるから，
∠D＝$360°-(80°+60°+107°)＝113°$

2 △ABC≡△XVW (3組の辺がそれぞれ等し
い)
△GHI≡△MON (1組の辺とその両端の角が
それぞれ等しい)
△JKL≡△PRQ (2組の辺とその間の角がそ
れぞれ等しい)

解説 三角形の合同条件は，3組の辺，2組の辺とそ
の間の角，1組の辺とその両端の角がそれぞれ等し
い，である。3組の角がそれぞれ等しい三角形は，
形が同じになるが大きさまで同じであるかどうかは
わからない。また，三角形では2つの角が決まると
残りの角も決まるので，示された角だけでなく，計
算でわかる角も考えて判断すること。

3 (1) AC＝DF か ∠B＝∠E
(2) AB＝DE か BC＝EF か AC＝DF

解説 (1) 2組の辺が等しいから，あと1組の辺か，2
辺の間の角が等しいと合同になる。

(2) 2組の角が等しいから，残りの角も等しい。ど
の1辺が等しくても，1組の辺とその両端の角が等
しいことによる合同がいえる。

4 例 △AEF と △CDF で
AE＝AB＝CD ……①
∠E＝∠B＝∠D ……②
∠AFE＝∠CFD (対頂角)
三角形の2つの角がそれぞれ等しいから，残
りの角は等しく
∠FAE＝∠FCD ……③
①，②，③より，1組の辺とその両端の角が
それぞれ等しいから，
△AEF≡△CDF

解説 △AEC は △ABC を折り返したものであるか
ら，AE＝AB，∠E＝∠B である。
ABCD が長方形であることや，対頂角に着目して，
三角形の合同条件のどれにあてはまるかを示す。

5 (1) 仮定 … ある数が自然数
結論 … その数は整数
(2) 仮定 … 2つの三角形が合同
結論 … その三角形の面積は等しい
(3) 仮定 … ある三角形が正三角形
結論 … その三角形は鋭角三角形
(4) 仮定 … ある数が6の倍数
結論 … その数は3の倍数

解説 「a ならば b である」の a の部分が仮定，b の
部分が結論である。
(1) ある数が自然数ならばその数は整数である。
　　　　a　　　　　　　　　b
(3) は，「ならば」ということばでいうと，ある三角
形が正三角形ならば，その三角形は鋭角三角形であ
る，となる。
(4) は，ある数が6の倍数ならば，その数は3の倍
数である，ということである。

6 (1) 右の図
(2) 仮定 … BD＝DC，
DE∥CA，
DF∥BA
結論 … △EBD≡△FDC
(3) ① 同位角　② ∠EDB＝∠FCD
③ 同位角　④ ∠EBD＝∠FDC
⑤ BD＝DC　⑥ 1組の辺とその両端の角

解説 (1) 図は正しくかくこと。いいかげんな図をかくと，等しいものでも等しく見えなくなる。
(2) 仮定と結論を書けという指示のないときも，仮定と結論はしっかり頭に入れてとりかかる。

p.58〜59 標準問題の答え

1 (1) 例 △OAB≡△OCD だから
∠BOA＝∠DOC
∠BOD＝∠DOC−∠BOC
∠AOC＝∠BOA−∠BOC
よって，∠BOD＝∠AOC

(2) 例 △OAB≡△OCD だから ∠A＝∠C
また，AE と OC の交点を F とすると
∠AFO＝∠CFE（対頂角）だから，
∠AEC＝∠AOC
よって，(1)より ∠AEC＝∠BOD

2 (1) 例 O を中心とする円をかき，OA，OB との交点を X，Y とする。次に，X，Y をそれぞれ中心とする半径の等しい円をかいて，∠AOB 内の交点を P とする。半直線 OP をひく。

(2) 例 △OPX と △OPY で，作図より
OX＝OY，XP＝YP，OP は共通
3 組の辺がそれぞれ等しいから，
△OPX≡△OPY
ゆえに，∠POX＝∠POY
したがって，OP は ∠AOB の二等分線である。

解説 (2) ∠POX＝∠POY がいえればよい。

3 (1) 仮定 … ℓ∥m，AO＝BO
結論 … OP＝OQ

(2) 例 △AOP と △BOQ で，AO＝BO
∠AOP＝∠BOQ（対頂角）
ℓ∥m より，∠PAO＝∠QBO（錯角）
1 組の辺とその両端の角がそれぞれ等しいから，△AOP≡△BOQ ゆえに，OP＝OQ

解説 (2) OP，OQ を辺とする 2 つの三角形 △AOP と △BOQ の合同をいえばよい。

4 例 △ADE と △FCE で，DE＝CE
∠AED＝∠FEC（対頂角）
AD∥CF より，∠ADE＝∠FCE（錯角）
1 組の辺とその両端の角がそれぞれ等しいから，△ADE≡△FCE ゆえに，AD＝FC

解説 AD，FC を辺にもつ 2 つの三角形 △ADE と △FCE の合同をいえばよい。

5 例 △BCG と △DCE で，
BC＝DC，CG＝CE
∠BCG＝90°−∠GCD＝∠DCE
2 組の辺とその間の角がそれぞれ等しいから
△BCG≡△DCE ゆえに，BG＝DE

6 (1) 例 △AOB と △DOC の合同
OB＝OC または ∠OAB＝∠ODC

(2) 例 △AOQ と △DOQ で，OA＝OD
∠AOQ＝∠DOQ，OQ は共通
2 組の辺とその間の角がそれぞれ等しいから，△AOQ≡△DOQ
ゆえに，∠OAQ＝∠ODQ
すなわち，∠OAB＝∠ODC

(3) 例 △AOB と △DOC で，
仮定より，OA＝OD ……①
(2)より∠OAB＝∠ODC ……②
∠AOB＝∠DOC（同じ角）……③
①，②，③より，1 組の辺とその両端の角がそれぞれ等しいから，△AOB≡△DOC
ゆえに，AB＝DC

解説 (1) AB，DC を辺にもつ三角形は △AOB と △DOC であるが，OA＝OD と，同じ角 ∠AOB＝∠DOC しかわかっていない。

7 例 △CAB と △DBA で
仮定より AC＝BD ……①
BC＝AD，AB は共通
3 組の辺がそれぞれ等しいから
△CAB≡△DBA
よって，∠C＝∠D ……②
△OAC と △OBD で，
∠AOC＝∠BOD（対頂角）
これと②より，∠OAC＝∠OBD ……③
①，②，③より，1 組の辺とその両端の角がそれぞれ等しいから，△OAC≡△OBD
ゆえに，OA＝OB，OC＝OD

18

1 (1) $26°$　(2) $85°$　(3) $141°$

2 (1) $50°$　(2) $70°$　(3) $81°$

3 $110°$

4 (1) 正十五角形　(2) 90本

5 (1) 2組の辺とその間の角がそれぞれ等し
　　い
　　(2) $60°$

6 例 △ABPと△DCPで，AB＝DC
　　AB∥CDだから錯角は等しく
　　∠ABP＝∠DCP
　　∠BAP＝∠CDP
　　1組の辺とその両端の角がそれぞれ等しい
　　から，△ABP≡△DCP
　　よって，AP＝DP，BP＝CP

7 (1) 例 △ABEと△ACDで，
　　　AB＝AC，AE＝AD，∠Aは共通
　　　2組の辺とその間の角がそれぞれ等し
　　　いから，△ABE≡△ACD
　　　ゆえに，∠B＝∠C
　　(2) 例 △FDBと△FECで，DB＝EC
　　　(1)より ∠FBD＝∠FCE
　　　∠DFB＝∠EFC(対頂角)だから
　　　∠FDB＝∠FEC
　　　1組の辺とその両端の角がそれぞれ等
　　　しいから，△FDB≡△FEC
　　　よって，BF＝CF，DF＝EF

解説 **1** (1) $∠x＋17°＝43°\ \longrightarrow\ ∠x＝26°$

(2) $∠x$および $80°$の角の頂点を通り，$ℓ$に平行な2
直線をひき，その錯角を考えることにより
$∠x＝45°＋(80°－40°)＝85°$

(3) $102°$の角の頂点を通り，$ℓ$に平行な直線をひき，
同位角，錯角の関係を利用して角を集めると
$102°＋145°＋(∠x－28°)＝360°\ \longrightarrow\ ∠x＝141°$

2 (1) $∠x＋30°＝45°＋35°\ \longrightarrow\ ∠x＝50°$

(2) $15°$の角の頂点と $40°$の角の頂点を結ぶ。
$∠x＋25°＋15°＋30°＋40°＝180°\ \longrightarrow\ ∠x＝70°$

(3) 右側の四角形の内角の和は
$∠x＋(58°＋90°)＋90°＋41°＝360°$
$\longrightarrow\ ∠x＝81°$

別解 $∠x$をまん中にできた三角形の外角とみて，
$∠x＝(90°－58°)＋(90°－41°)＝81°$

3 $∠ABC＋∠ADC＝360°－150°－60°＝150°$
$∠ABP＋∠ADP$
　$＝(∠ABC＋∠ADC)×\dfrac{2}{3}＝150°×\dfrac{2}{3}＝100°$
$∠x＋100°＋150°＝360°\ \longrightarrow\ ∠x＝110°$

4 (1) 1つの外角＝$180°－156°＝24°$
正 n角形とすると，$24°×n＝360°\ \longrightarrow\ n＝15$
別解 正 n角形の内角の和を考えて
$156°×n＝180°×(n－2)\ \longrightarrow\ n＝15$
(2) 正十五角形の1つの頂点からは，15－3(個)の
頂点に対角線がひけるので，$(15－3)×15$(本)の
対角線が考えられるが，これでは両端から2重に数
えているので，対角線の数は $\dfrac{(15－3)×15}{2}$
$＝90$(本)

参考 一般に，n角形の対角線の数は
$\dfrac{(n－3)n}{2}$本である。

5 (1) △ACEと△DCBで，AC＝DC，CE＝CB
$∠ACE＝60°＋∠DCE＝∠DCB$
2組の辺とその間の角がそれぞれ等しいから
△ACE≡△DCB
(2) $∠AFD＋∠CDB＝∠DCA＋∠CAE$
ここで，(1)より ∠CDB＝∠CAE だから
$∠AFD＝∠DCA＝60°$

参考 △DCBは点Cを中心として $60°$回転すると，
△ACEと重なる。このとき，辺DBは $60°$回転し
て AEに重なるので，∠AFDの大きさは $60°$である。

定期テスト対策

❶角の計算問題は，与えられた条件により，何を
　使って求めるかを考えよう。
❶証明問題では，どの三角形とどの三角形の合同
　をいえばよいかをよく検討する。

❾ 三角形

1 (1) $x=65$, $y=50$ (2) $x=70$, $y=4$
(3) $x=60$, $y=60$

解説 (1) 2辺が等しいから二等辺三角形。よって，2
つの角は等しい。 $\longrightarrow$ $x=65$
(2) 2つの底角が等しいから二等辺三角形。
$\longrightarrow$ $y=4$
参考 二等辺三角形の頂角，底角
頂角$=180°-$底角$×2$ 底角$=\dfrac{180°-頂角}{2}$

2 **例** △ABM と △ACM で，
仮定より，AB＝AC，BM＝CM，
AM は共通
3組の辺がそれぞれ等しいから
△ABM≡△ACM
よって，∠BAM＝∠CAM
また，∠AMB＝∠AMC，
∠AMB＋∠AMC＝180°だから
∠AMB＝90°
ゆえに，AM⊥BC

解説 ∠BAM＝∠CAM は，△ABM≡△ACM
がいえれば導ける。
AM⊥BC は，∠AMB＝∠AMC であって，
∠AMB＋∠AMC＝180°であるから，
∠AMB＝90°を導く。

3 **例** △ABD と △ACE で，
仮定より BD＝CE，AB＝AC
二等辺三角形の底角だから，∠B＝∠C
2組の辺とその間の角がそれぞれ等しいから
△ABD≡△ACE よって，AD＝AE
したがって，△ADE は二等辺三角形

解説 AD＝AE をいえばよい。AB＝AC より
∠B＝∠C だから，△ABD≡△ACE がいえる。

4 **例** △ABC は正三角形であるから，
∠A＝∠B＝60°
AG，BG は，∠A，∠B の二等分線だから，
∠GAB＝∠GBA＝30°
よって，2つの角が等しいから △GAB は二
等辺三角形で，GA＝GB

5 (1) 逆 … △ABC で，∠B＝∠C ならば，
AB＝AC である。
正しい
(2) 逆 … 二等辺三角形は正三角形である。
正しくない

解説 あることがらの逆は，そのことがらの仮定と結
論を入れかえて表す。
(1) ∠B＝∠C $\longrightarrow$ 2つの角が等しいから，二等辺三
角形。よって，AB＝AC
(2) 2辺が等しい三角形のすべてが正三角形ではな
いから，正しくない。
正しいことの逆がいつも正しいとは限らない。

6 (1) **例** △PAQ と △PBQ で，
作図より，PA＝PB，AQ＝BQ，
PQ は共通
3組の辺がそれぞれ等しいから
△PAQ≡△PBQ
(2) 二等分線
(3) 底辺に垂直（底辺の垂直二等分線）

解説 作図の方法は，P を中心とする円をかき，直線
XY との交点を A，B とする。次に，A，B を中心
とする半径の等しい円をかき，その交点を Q とす
る。直線 PQ をひく。
(1) 作図から，PA＝PB，AQ＝BQ がいえる。

7 仮定 … AB＝AC，BD⊥AC，CE⊥AB
結論 … BE＝CD
証明 … **例** △EBC と △DCB で，
∠CEB＝∠BDC＝90°
AB＝AC より ∠ABC＝∠ACB
BC は共通
直角三角形の斜辺と1つの鋭角がそれぞれ等
しいので，△EBC≡△DCB
よって，BE＝CD

解説 仮定の BD⊥AC，CE⊥AB から，△EBC と
△DCB が直角三角形であることは明らかである。

1 (1) $x=60$, $y=60$ (2) $x=36$, $y=72$

(3) $x=60$ (4) $x=60$

解説 (2) BA＝BC だから，

$2x=\dfrac{180-36}{2}=72 \longrightarrow x=36$

$y=36+x=36+36=72$

(3) △ABD と △ACE で，

AB＝AC，AD＝AE

∠BAD＝$60°$－∠DAC＝∠CAE

2 組の辺とその間の角がそれぞれ等しいから

△ABD≡△ACE

ゆえに，∠ACE＝∠ABD＝$60°$

(4) △ABD と △BCE で，AB＝BC，BD＝CE

∠ABD＝∠BCE＝$60°$

2 組の辺とその間の角がそれぞれ等しいから

△ABD≡△BCE ゆえに，∠DAB＝∠EBC

∠AFE＝∠FAB＋∠FBA

＝∠FBD＋∠FBA＝∠ABD＝60

2 例 ∠ABF＝∠FBC＝$a°$ とおくと，

△ABF で，∠AFE＝$90°$－$a°$

△EBD で，∠BED＝$90°$－$a°$

よって，∠AFE＝∠BED

また，∠AEF＝∠BED（対頂角）

ゆえに，∠AEF＝∠AFE

したがって，2 つの角が等しいから △AEF

は二等辺三角形

解説 二等辺三角形であることをいうには，2 つの辺

が等しいことをいうか，2 つの角が等しいことをい

えばよい。この場合は，2 つの角が等しいことをい

う。

3 例 O は円の中心だから，OA＝OB＝OC

よって，△OAB，△OAC は，それぞれ二等

辺三角形である。

∠OAB＝∠OBA＝$a°$ とおくと，

三角形の内角と外角の関係より，

∠AOC＝$2a°$

ゆえに，∠OAC＋∠OCA＝$180°$－$2a°$

よって，∠OAC＝$\dfrac{180°-2a°}{2}=90°-a°$

したがって，∠BAC＝∠OAB＋∠OAC

＝$a°$＋（$90°$－$a°$）

＝$90°$

4 (1) 例 △BAD と △CAD で，

仮定より，BA＝CA，DB＝DC AD は

共通

3 組の辺がそれぞれ等しいから

△BAD≡△CAD

ゆえに，∠BAD＝∠CAD

(2) 例 △BAE と △CAE で，

仮定より，BA＝CA，AE は共通

(1)より，∠BAE＝∠CAE

2 組の辺とその間の角がそれぞれ等しいか

ら，△BAE≡△CAE

ゆえに，BE＝CE

∠BEA＋∠CEA＝$180°$より

∠BEA＝∠CEA＝$90°$

したがって，AD は線分 BC の垂直二等分

線である。

解説 (2) △BDE≡△CDE であることから証明して

もよい。

5 ∠CDF＝$3a°$

解説 仮定より，△EBD は EB＝ED の二等辺三角

形だから，∠B＝∠EDB＝$a°$

△EBD で内角と外角の関係より，∠DEF＝$2a°$

△DEF は DE＝DF の二等辺三角形だから，

∠DEF＝∠DFE＝$2a°$

△FBD で内角と外角の関係より，

∠CDF＝$a°$＋$2a°$＝$3a°$

6 例 △ABD と △ACE で，

仮定より，AB＝AC，AD＝AE

∠BAD＝$60°$－∠DAC＝∠CAE

2 組の辺とその間の角がそれぞれ等しいから

△ABD≡△ACE

したがって，BD＝CE

解説 ∠BAD と ∠CAE は，それぞれ正三角形の角

（∠BAC，∠DAE）から重なる部分（∠DAC）をひ

いたものである。

7 例 △APC と △ABQ で，

仮定より，AP＝AB，AC＝AQ

∠PAC＝$60°$＋∠BAC＝∠BAQ

2 組の辺とその間の角がそれぞれ等しいから

△APC≡△ABQ

ゆえに，PC＝BQ

参考 よく出題される問題である。△APC を時計の針の回転と逆の方向に 60° 回転すると △ABQ に重なる。このとき，PC は BQ に重なるので，PC と BQ のつくる角も 60° である。

8 △ABC≡△QRP（斜辺と他の 1 辺がそれぞれ等しい）
△GHI≡△JKL（斜辺と 1 つの鋭角がそれぞれ等しい）

解説 △GHI で，∠HGI＝180°－（90°＋60°）＝30° だから，△JKL と，斜辺と 1 つの鋭角がそれぞれ等しくなる。

9 **例** △BPM と △CQM で，
仮定より，∠BPM＝∠CQM＝90°，
BM＝CM
また，∠BMP＝∠CMQ（対頂角）
直角三角形の斜辺と 1 つの鋭角がそれぞれ等しいから，△BPM≡△CQM
よって，BP＝CQ

10 **例** △AEC と △ADB で，
仮定より，∠AEC＝∠ADB＝90°，
AC＝AB
∠A は共通
直角三角形の斜辺と 1 つの鋭角がそれぞれ等しいから，△AEC≡△ADB
ゆえに，AE＝AD

解説 AE，AD を辺とする三角形の組としては，△AEC と △ADB が考えられる。
△EBC≡△DCB より EB＝DC を導き，AB＝AC であることと合わせて，AE＝AD を導いてもよい。

11 **例** △MDB と △MEC で，
仮定より，∠MDB＝∠MEC＝90°，
MB＝MC，MD＝ME
直角三角形の斜辺と他の 1 辺がそれぞれ等しいから，△MDB≡△MEC
よって，∠DBM＝∠ECM
∠ABC＝∠ACB となるから，△ABC は二等辺三角形である。

12 **例** △POH と △POK で，
仮定より，∠PHO＝∠PKO＝90°，
PH＝PK
PO は共通
直角三角形の斜辺と他の 1 辺がそれぞれ等しいから，△POH≡△POK
よって，∠POH＝∠POK
OP は ∠XOY を 2 等分する。

13 (1) **例** △IDB と △IEB で，仮定より，
∠IDB＝∠IEB＝90°，∠IBD＝∠IBE
IB は共通
直角三角形の斜辺と 1 つの鋭角がそれぞれ等しいから，△IDB≡△IEB
ゆえに，ID＝IE
(2) **例** (1)と同様に，△IEC≡△IFC
ゆえに，IE＝IF
したがって，ID＝IE＝IF
△IDA と △IFA で，
仮定より，∠IDA＝∠IFA＝90°，
ID＝IF
IA は共通
直角三角形の斜辺と他の 1 辺がそれぞれ等しいから，△IDA≡△IFA
ゆえに，∠IAD＝∠IAF
線分 IA は ∠BAC を 2 等分する。

解説 (2) ID＝IF を導くために，まず △IEC≡△IFC を証明しておく。

14 **例** △AEB と △DEC で，
仮定より，∠EAB＝∠EDC＝90°
∠DBC＝∠ACB より，△EBC は二等辺三角形だから，EB＝EC
また，∠AEB＝∠DEC（対頂角）
直角三角形の斜辺と 1 つの鋭角がそれぞれ等しいから，△AEB≡△DEC
ゆえに，AE＝DE

⑩ 平行四辺形

p.72〜73 基礎問題の答え

1 例 △ABM と △CDN で,
平行四辺形の対角だから, ∠A＝∠C
対辺だから, AB＝CD, AD＝CB
M, N は中点だから, AM＝CN
2 組の辺とその間の角がそれぞれ等しいから,
△ABM≡△CDN
ゆえに, BM＝DN

解説 △ABM≡△CDN がいえればよい。
別解 平行四辺形の対辺は平行で長さが等しいから,
MD∥BN, MD＝$\frac{1}{2}$AD＝$\frac{1}{2}$BC＝BN
1 組の対辺が等しくて, 平行であるから, 四角形 MBND は平行四辺形。
よって, 対辺は等しく, BM＝DN

2 例 △BME と △CMD で, 仮定より,
BM＝CM
∠BME＝∠CMD (対頂角)
AE∥DC だから, ∠EBM＝∠DCM (錯角)
1 組の辺とその両端の角がそれぞれ等しいから, △BME≡△CMD
ゆえに, BE＝CD, また, AB＝CD だから,
AB＝BE

解説 AB＝DC, BE＝CD から, AB＝BE となることを導く。

3 ㋐ CE　㋑ ∠FCE
㋒ 1 組の辺とその両端の角
㋓ CF　㋔ CF　㋕ CF
㋖ 1 組の対辺が等しくて, 平行

4 例 △AEB と △CFD で,
仮定より, ∠AEB＝∠CFD＝90°
平行四辺形の対辺だから, AB＝CD
AB∥DC だから, ∠ABE＝∠CDF (錯角)
直角三角形の斜辺と 1 つの鋭角がそれぞれ等しいから, △AEB≡△CFD
ゆえに, AE＝CF
また, ∠AEF＝∠CFE＝90°,
錯角が等しいので, AE∥CF
1 組の対辺が等しくて平行だから, 四角形 AECF は平行四辺形

解説 1 つの直線に垂直な 2 直線は平行だから, AE∥CF である。AE＝CF はいえないか考える。
別解 △DAE と △BCF の合同から AE＝CF を導いてもよい。

5 例 △APS と △CRQ で, AP＝CR
平行四辺形の対辺だから, AD＝CB
これと DS＝BQ より, AS＝CQ
また, 対角は等しいから, ∠A＝∠C
2 組の辺とその間の角がそれぞれ等しいから
△APS≡△CRQ
ゆえに, PS＝RQ
同様にして, PQ＝RS
2 組の対辺が等しいから, 四角形 PQRS は平行四辺形

解説 三角形の合同から, 四角形 PQRS の 2 組の対辺が等しいことをいう。

6 △DBP, △DBQ, △DAQ
(証明) 例 AD∥BP だから,
△ABP＝△DBP
BD∥PQ だから, △DBP＝△DBQ
AB∥DQ だから, △DBQ＝△DAQ
よって, △ABP＝△DBP＝△DBQ＝△DAQ

解説 平行線を利用して, 面積が等しい三角形を見つける問題である。△DBP＝△DBQ を見落とさないように。

7 (1) $\frac{1}{2}$ 倍　(2) $\frac{1}{2}$ 倍　(3) $\frac{1}{2}$ 倍

解説 (1) ▱MBND＝▱ABNM
(2) △PCD＝△BCD
(3) 右の図のように, P を通り AB に平行な直線 FE をひくと, △PAB＝△EAB, △PCD＝△ECD

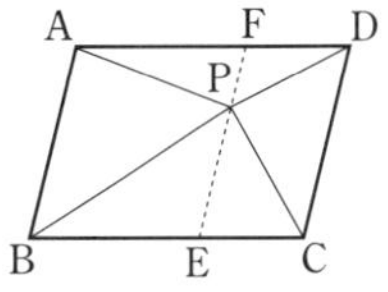

p.74〜75 標準問題の答え

1 ∠a＝∠c＝25°, ∠b＝35°,
∠d＝47°, ∠e＝73°

解説 ∠a＝∠c＝180°－120°－35°＝25°
∠d＝72°－25°＝47°
∠e＝120°－47°＝73°

2 **例** △DBE と △ABC で，
仮定より，DB＝AB，EB＝CB
∠DBE＝60°−∠EBA＝∠ABC
2組の辺とその間の角がそれぞれ等しいから
△DBE≡△ABC
ゆえに，DE＝AC
これと AC＝AF より，DE＝AF
同様にして，△FEC≡△ABC より
EF＝BA＝DA
2組の対辺が等しいから，
四角形 AFED は平行四辺形

3 (1) **例** △PDE と △QDF で，
正方形の対角線は長さが等しく，それぞれの中点で交わるから，DE＝DF
また，正方形の対角線は内角を2等分し，垂直に交わるから，
∠DEP＝∠DFQ＝45°
∠EDP＝90°−∠PDF＝∠FDQ
1組の辺とその両端の角がそれぞれ等しいから，△PDE≡△QDF

(2) **例** △ADF と △CDG で，
仮定より，AD＝CD，DF＝DG
∠ADF＝90°−∠FDQ＝∠CDG
2組の辺とその間の角がそれぞれ等しいから，△ADF≡△CDG
ゆえに，AF＝CG

解説 (1) ∠DEP＝∠DFQ＝45°
∠EDF＝∠ADC＝90° を用いる。
(2) △ADF≡△CDG をいう。

4 4 cm

解説 四角形 BDEF，EFGC は平行四辺形だから，
BD＝FE＝GC＝3 cm
DG＝10−3×2＝4 (cm)

5 **例** AD∥BC より，△ABN＝△DBN
AM∥DC より，△BCD＝△MCD
△DBN＝△BCD−△NCD
＝△MCD−△NCD＝△CNM
ゆえに，△ABN＝△CNM

解説 △ABN＝△DBN，△DBN＝△CNM をいう。

6 **例** 平行四辺形の対角線はそれぞれの中点で交わるから，BO を延長すると D を通るので，
AE∥OD，AE＝BO＝OD
1組の対辺が等しく，平行だから，四角形 AODE は平行四辺形である。
よって，OE は AD によって2等分される。

解説 平行四辺形の対角線はそれぞれの中点で交わるから，D は BO の延長上にある。

7 **例** △ABM と △DCM で，
仮定より，AM＝DM，MB＝MC
平行四辺形の対辺だから，AB＝DC
3組の辺がそれぞれ等しいから
△ABM≡△DCM
よって，∠BAM＝∠CDM
また，平行四辺形の対角は等しいから，
∠BAM＝∠BCD，∠CDM＝∠ABC
したがって，平行四辺形 ABCD は
∠A＝∠B＝∠C＝∠D＝90° となるから，長方形である。

8 8

解説 B を通り AC に平行な直線と x軸の交点を D とすると，四角形 OABC＝△AOD だから，面積を2等分する直線は OD の中点を通る。

AC の傾きは $-\dfrac{4}{6}=-\dfrac{2}{3}$，　直線 BD の式を

$y=-\dfrac{2}{3}x+b$ とおくと，B (7，6) を通るので

$6=-\dfrac{2}{3}\times7+b \longrightarrow b=\dfrac{32}{3}$

$y=-\dfrac{2}{3}x+\dfrac{32}{3}$ と x軸の交点の x座標は

$0=-\dfrac{2}{3}x+\dfrac{32}{3} \longrightarrow x=16$　D (16，0)

OD の中点の座標は (8，0)

p.76～77　実力アップ問題の答え

1 (1) 仮定 … 2つの三角形が合同である。
結論 … 対応する辺の長さは等しい。

(2) 仮定 … ある三角形が二等辺三角形である。
結論 … 2つの底角は等しい。

(3) 2直線に1直線が交わるとき，錯角が等しいならば，その2直線は平行である。

(4) 2 点から等距離にある点は，その 2 点
を結ぶ線分の垂直二等分線上にある。

2 例 ED∥BC だから，△DEC で
∠DEC＝∠BCE＝∠DCE
よって，DE＝DC
同様にして，DF＝DC
ゆえに，DE＝DF

3 (1) 例 △DBF は △ABC を 60°回転させた
ものだから，BF＝BC，∠FBC＝60°
よって，△FBC は頂角が 60°の二等辺
三角形
ゆえに，∠BFC＝∠BCF＝$\dfrac{180°-60°}{2}$
＝60°
したがって，3 つの角が等しいから，
△FBC は正三角形である。

(2) 例 △ABC と △EFC で，
仮定より，AC＝EC，(1)より BC＝FC
また，∠ACB＝∠FCB＋∠ACF
＝60°＋∠ACF
∠ECF＝∠ECA＋∠ACF
＝60°＋∠ACF
よって，∠ACB＝∠ECF
2 組の辺とその間の角がそれぞれ等し
いから，△ABC≡△EFC

4 (1) 105° (2) 90° (3) △AQR

5 例 △ABE と △CDF で
∠AEB＝∠CFD＝90°，平行四辺形の対辺
だから AB＝CD，
AB∥DC だから，∠ABE＝∠CDF（錯角）
直角三角形の斜辺と 1 つの鋭角がそれぞれ
等しいから，△ABE≡△CDF
ゆえに，AE＝CF
また，∠AEF＝∠CFE＝90°で，錯角が等
しいから，AE∥CF
1 組の対辺が等しく，平行だから，四角形
AECF は平行四辺形である。
よって，対辺が等しいから，AF＝CE

6 例 四角形 ABRP は平行四辺形だから，
△ABR＝△ARP
PR∥DC だから，△PDQ＝△PCQ
よって，△AQD＝△ACP
AP∥RC より，△ARP＝△ACP だから
△ABR＝△AQD

解説 **1** (1)，(2)で仮定，結論を文章で述べるときは，
適切な言葉を補って，意味がわかるようにする。
(3)は，2 直線に 1 直線が交わるとき，その 2 直線が
平行ならば，錯角は等しい。ということであり，「c
であるとき，a ならば b」という形。この形の逆は「c
であるとき，b ならば a」となる。

2 △DEC，△DCF が二等辺三角形であることか
らいう。

3 (1) △DBF は △ABC を回転させたものだから，
△DBF≡△ABC である。

4 (1) ∠APB＝180°－15°－60°＝105°
(2) ∠CRQ＝∠ARP＝180°－(60°－15°)－45°
＝90°

5 四角形 AECF が平行四辺形であれば，
AF＝CE である。

6 PR∥DC だから △PDQ＝△PCQ
このそれぞれに △AQP を加えた三角形の面積も等
しい。

定期テスト対策

❶二等辺三角形や平行四辺形の性質は，きちんと
覚えておくこと。
❶証明は何回もやれば必ずコツをつかめる。よく
練習しよう。

6章 確率

⑪ 確率

p.80～81 **基礎問題の答え**

1 (1) $\dfrac{3}{10}$ (2) $\dfrac{1}{4}$ (3) $\dfrac{2}{3}$ (4) $\dfrac{2}{5}$

(5) $\dfrac{3}{4}$ (6) $\dfrac{1}{8}$

解説 (2) 52枚のトランプのうち，ダイヤは13枚あるので，ダイヤである確率は $\dfrac{13}{52}=\dfrac{1}{4}$

(3) 3以上の目は3，4，5，6の4通りあるから，3以上の目の出る確率は $\dfrac{4}{6}=\dfrac{2}{3}$

(4) 5枚中，3の倍数は3と9の2枚だけ。

(5) 玉の数は3＋12＋5＝20で，20通りの取り出し方がある。そのうち白玉または赤玉であるのは 3＋12＝15（通り） 求める確率は $\dfrac{15}{20}=\dfrac{3}{4}$

(6) 3枚のコインの表，裏の出方は，

```
  A  B  C      A  B  C
         表<表         表<表
      表<              表<
         裏<表         裏<表
  表<       裏     裏<       裏
         表<表         表<表
      裏<              裏<
         裏<表         裏<表
                  裏         裏
```
（3枚のコインをA，B，Cと区別する。）

の8通りである。

参考 コインは表，裏の2通りの出方があり，Aについて2通り，そのそれぞれに対して2通りずつ，さらにそれらに対して2通りずつあるので，$2\times2\times2=8$（通り）と考えられる。

2 (1) $\dfrac{5}{12}$ (2) $\dfrac{13}{36}$ (3) ① $\dfrac{1}{9}$ ② $\dfrac{7}{36}$ ③ $\dfrac{3}{4}$

解説 (1) 目の数の大小関係は次のようになる。

大\小	1	2	3	4	5	6
1	1=1	1<2	1<3	1<4	1<5	1<6
2	2>1	2=2	2<3	2<4	2<5	2<6
3	3>1	3>2	3=3	3<4	3<5	3<6
4	4>1	4>2	4>3	4=4	4<5	4<6
5	5>1	5>2	5>3	5>4	5=5	5<6
6	6>1	6>2	6>3	6>4	6>5	6=6

36通りのうち15通りが，大きいさいころの目の数が小さいさいころの目の数より大きいから，

求める確率は $\dfrac{15}{36}=\dfrac{5}{12}$

(2) すべての場合の数は $6\times6=36$（通り）

十の位が5と6の場合は一の位が何であっても45より大きいから，$2\times6=12$（通り）

十の位が4のとき，45より大きいのは46の1通り。

合計12＋1＝13（通り） 求める確率は $\dfrac{13}{36}$

(3) ① 目の数の和が9である組は，

(3, 6)，(4, 5)，(5, 4)，(6, 3)の4通りで，

求める確率は $\dfrac{4}{36}=\dfrac{1}{9}$

② 目の数の和が5の倍数になるのは，和が5，10の場合で，和が5になる組は(1, 4)，(2, 3)，(3, 2)，(4, 1)の4通り，和が10になる組は(4, 6)，(5, 5)，(6, 4)の3通りで，合計4＋3＝7（通り）

求める確率は $\dfrac{7}{36}$

③ 一方が偶数のとき，他方は何でもよいので，$3\times6=18$（通り）

一方が奇数のとき，他方は偶数でなければならないから，$3\times3=9$（通り）

合計18＋9＝27（通り）で，求める確率は $\dfrac{27}{36}=\dfrac{3}{4}$

別解 2つの目の数の積が奇数になるのは，奇数×奇数の場合だけで，$3\times3=9$（通り）だからその確率は $\dfrac{9}{36}=\dfrac{1}{4}$，偶数となる確率は，$1-\dfrac{1}{4}=\dfrac{3}{4}$

3 (1) $\dfrac{3}{10}$ (2) $\dfrac{7}{10}$

解説 (1) 1から20の中の3の倍数は，3，6，9，12，15，18の6つであるから，求める確率は $\dfrac{6}{20}=\dfrac{3}{10}$

(2) 3でわり切れない確率は $1-\dfrac{3}{10}=\dfrac{7}{10}$

4 (1) $\dfrac{1}{8}$ (2) $\dfrac{3}{8}$ (3) $\dfrac{3}{8}$ (4) $\dfrac{7}{8}$

解説 すべての場合の数は $2\times2\times2=8$（通り）

(1) 3枚とも表になる確率は $\dfrac{1}{8}$

(2) (表，表，裏)，(表，裏，表)，(裏，表，表)の3通りあるから，求める確率は $\dfrac{3}{8}$

(3) 1枚だけが表ということは，2枚が裏で1枚が表ということだから，確率は(2)と同じ。

(4) 3枚とも裏になる確率は(1)と同じだから，

少なくとも1枚は表が出る確率は，$1-\dfrac{1}{8}=\dfrac{7}{8}$

---

⑤ (1) ① $\dfrac{3}{5}$　② $\dfrac{3}{10}$　③ $\dfrac{2}{5}$

　　(2) ① $\dfrac{6}{25}$　② $\dfrac{13}{25}$

解説 (1) すべての場合の数は，白玉を①②，赤玉を $\boxed{1}\boxed{2}\boxed{3}$ と表すと，（①，②），（①，$\boxed{1}$），（①，$\boxed{2}$），（①，$\boxed{3}$），（②，$\boxed{1}$），（②，$\boxed{2}$），（②，$\boxed{3}$），（$\boxed{1}$，$\boxed{2}$），（$\boxed{1}$，$\boxed{3}$），（$\boxed{2}$，$\boxed{3}$）の10通り。

① 1個が白で1個が赤である場合は

$2\times3=6$（通り）　求める確率　$\dfrac{6}{10}=\dfrac{3}{5}$

② 赤玉3個から2個とることは，どの1個を残すかと同じで，3通り。求める確率　$\dfrac{3}{10}$

③ 2個とも同じ色になる場合は，2個とも白の場合と2個とも赤の場合で，$1+3=4$（通り）

求める確率　$\dfrac{4}{10}=\dfrac{2}{5}$

(2) 1回目も2回目も5通りずつの取り出し方があるから，場合の数　$5\times5=25$（通り）

① 1回目白，2回目赤の取り出し方は

$2\times3=6$（通り）　求める確率　$\dfrac{6}{25}$

② （白，白）の場合と（赤，赤）の場合があるから，

求める確率　$\dfrac{2\times2+3\times3}{25}=\dfrac{13}{25}$

---

p.82～85　標準問題の答え

① **イ**

解説 ア 1の目が出る確率は $\dfrac{1}{6}$ だが，6回投げればかならず1回出るわけではない。

ウ 1回さいころを投げた後でも，確率は $\dfrac{1}{6}$ である。

② (1) $\dfrac{1}{4}$　(2) **Aの袋**

解説 (2) 赤玉を取り出す確率は，Aの袋 $\dfrac{5}{16}$，Bの袋 $\dfrac{3}{11}$ で，Aの袋のほうが高い。

③ (1) $\dfrac{1}{2}$　(2) $\dfrac{3}{10}$　(3) $\dfrac{3}{7}$　(4) $\dfrac{1}{2}$　(5) $\dfrac{1}{13}$

解説 (1) 奇数の目は1，3，5の3通りあるから，奇数の目が出る確率は　$\dfrac{3}{6}=\dfrac{1}{2}$

---

(2) 8以上の整数は8，9，10の3通りあるから，8以上のカードを取り出す確率は　$\dfrac{3}{10}$

(3) 玉の数は $6+8=14$ で，14通りの取り出し方がある。

赤玉を取り出す確率は　$\dfrac{6}{14}=\dfrac{3}{7}$

(4) 2枚のコインの表，裏の出方は，

（表，表），（表，裏），（裏，表），（裏，裏）の4通りだから，求める確率は　$\dfrac{2}{4}=\dfrac{1}{2}$

(5) 52枚のトランプのうち，数字が3のカードは4枚あるから，数字が3である確率は　$\dfrac{4}{52}=\dfrac{1}{13}$

④ (1) $\dfrac{1}{6}$　(2) $\dfrac{1}{12}$　(3) $\dfrac{2}{9}$

解説 すべての場合の数は $6\times6=36$（通り）である。

(1) 2つとも同じ数の場合は，（1，1），（2，2），…，（6，6）の6通りあるから，

求める確率は　$\dfrac{6}{36}=\dfrac{1}{6}$

(2) 和が11の場合は（5，6），（6，5），和が12の場合は（6，6）の合計3通りで，

求める確率は　$\dfrac{3}{36}=\dfrac{1}{12}$

(3) 差が2になる場合は，（1，3），（3，1），（2，4），（4，2），（3，5），（5，3），（4，6），（6，4）の8通りあるから，

求める確率は　$\dfrac{8}{36}=\dfrac{2}{9}$

⑤ (1) $\dfrac{1}{10}$　(2) $\dfrac{3}{10}$　(3) $\dfrac{3}{10}$

解説 2本のくじを引いて，A，B引いた順に並べると考えると，すべての場合の数　$5\times4=20$（通り）

(1) はずれくじ2本から2本引き，順に並べる数は $2\times1=2$（通り）　A，Bともはずれくじを引く確率は

$\dfrac{2}{20}=\dfrac{1}{10}$

(2) 当たりくじ3本から2本引き，順に並べる数は $3\times2=6$（通り）　A，Bとも当たりくじを引く確率は

$\dfrac{6}{20}=\dfrac{3}{10}$

(3) (2)と同じ解き方になるから，(3)も同じ。

⑥ (1) $\dfrac{3}{8}$　(2) $\dfrac{3}{8}$　(3) $\dfrac{1}{2}$

解説 (1) すべての場合の数は　$2×2×2＝8$（通り）

10円, 50円, 100円のどの1枚だけが表になるかで3通りあるから, 求める確率は　$\dfrac{3}{8}$

(2) 10円, 50円, 100円のどの1枚だけが裏になるかで3通りあるから, 求める確率は　$\dfrac{3}{8}$

(3) 100円が表になれば, 表の金額が100円以上になるので, $2×2×1＝4$（通り）

求める確率は　$\dfrac{4}{8}＝\dfrac{1}{2}$

---

7 (1) $\dfrac{2}{3}$　(2) $\dfrac{3}{10}$

解説 (1) すべての場合の数は　$3×2＝6$（通り）

そのうち奇数は13, 21, 23, 31の4通りだから, 求める確率は　$\dfrac{4}{6}＝\dfrac{2}{3}$

(2) 5枚から2枚を取り出す取り出し方は, 10通り。

奇数1, 3, 5から2枚の奇数を取り出す取り出し方は, どの1つを残すかで3通りある。

求める確率は　$\dfrac{3}{10}$

---

8 (1) $\dfrac{1}{2}$　(2) ① $\dfrac{1}{100}$　② $\dfrac{3}{100}$　③ $\dfrac{81}{100}$

解説 (1) 奇数の目は1, 3, 5, 7, 9で, どれも2つずつあるので, $\dfrac{2×5}{20}＝\dfrac{1}{2}$

(2) すべての場合の数は　$20×20＝400$（通り）

① $(1, 1)$と出る場合で, $2×2＝4$（通り）

求める確率は　$\dfrac{4}{400}＝\dfrac{1}{100}$

② 目の数の和が2になるのは$(0, 2)$, $(1, 1)$, $(2, 0)$の場合で, どれも4通りずつあるから, 求める確率は　$\dfrac{4×3}{400}＝\dfrac{3}{100}$

③ 目の数の積が0になるのは$(0, 0)$, $(0, 1)$, …, $(0, 9)$, $(1, 0)$, …, $(9, 0)$の場合で, どれも4通りずつあるから, その確率は$\dfrac{4×19}{400}＝\dfrac{19}{100}$

求めるのは目の数の積が0にならない確率だから, $1-\dfrac{19}{100}＝\dfrac{81}{100}$

---

9 (1) $\dfrac{1}{3}$　(2) $\dfrac{1}{9}$　(3) $\dfrac{1}{3}$

解説 (1) すべての場合の数は　$3×3×3＝27$（通り）

あいこになるのは3人ともちがうか, 3人とも同じ場合だから, $3×2＋3＝9$（通り）

求める確率は　$\dfrac{9}{27}＝\dfrac{1}{3}$

(2) A1人だけが勝つのは, Aがグー, チョキ, パーそれぞれの場合に, B, Cの2人がチョキ, パー, グーを出す場合だから, 3通り。

求める確率は　$\dfrac{3}{27}＝\dfrac{1}{9}$

(3) Bだけが負けるのは, (2)と同じ考えになるので3通り。Bともう1人が負けるのは, AとCがそれぞれ1人だけ勝つ場合だから,

(2)より $3×2＝6$（通り）

求める確率は　$\dfrac{3＋6}{27}＝\dfrac{9}{27}＝\dfrac{1}{3}$

---

10 (1) $\dfrac{1}{6}$　(2) $\dfrac{1}{12}$

解説 すべての場合の数は　$6×6＝36$（通り）である。

(1) $x＋y＝7$が成り立つのは, $(1, 6)$, $(6, 1)$, $(2, 5)$, $(5, 2)$, $(3, 4)$, $(4, 3)$の6通りあるから,

求める確率は　$\dfrac{6}{36}＝\dfrac{1}{6}$

(2) $4x-2y＝6$より, $y＝2x-3$　これが成り立つのは, $(2, 1)$, $(3, 3)$, $(4, 5)$の3通りあるから, 求める確率は　$\dfrac{3}{36}＝\dfrac{1}{12}$

---

11 $\dfrac{1}{4}$

解説 すべての場合の数は, $6×6＝36$（通り）である。

A$(8, 0)$, B$(0, 4)$だから,

点(a, b)が△OABの内部にあるのは, $(1, 1)$, $(1, 2)$, $(1, 3)$, $(2, 1)$, $(2, 2)$, $(3, 1)$, $(3, 2)$, $(4, 1)$, $(5, 1)$の9通りの場合だから, 求める確率は

$\dfrac{9}{36}＝\dfrac{1}{4}$

---

12 (1) $\dfrac{3}{10}$　(2) $\dfrac{1}{10}$

解説 (1) すべての場合の数は　$5×4＝20$（通り）

赤玉, 青玉の順に出るのは　$3×2＝6$（通り）

求める確率は　$\dfrac{6}{20}＝\dfrac{3}{10}$

(2) すべての場合の数は　$5×4×3＝60$（通り）

すべて赤玉が出るのは　$3×2×1＝6$（通り）

求める確率は　$\dfrac{6}{60}=\dfrac{1}{10}$

13 (1) $\dfrac{1}{2}$　(2) $\dfrac{1}{8}$　(3) $\dfrac{7}{8}$

解説 (1) すべての場合の数　$2\times2=4$（通り）

（表，裏）または（裏，表）と出る場合だから，

求める確率は　$\dfrac{2}{4}=\dfrac{1}{2}$

(2) すべての場合の数は　$2\times2\times2=8$（通り）

y軸上にあるのは，Pが座標（0，3）の位置にある

場合だけだから，

3回とも裏が出るのは1通りで，求める確率は　$\dfrac{1}{8}$

(3) すべての場合の数は　$2\times2\times2\times2=16$（通り）

（4回とも表または4回とも裏）でない場合であるか

ら，求める確率は　$1-\dfrac{1+1}{16}=1-\dfrac{1}{8}=\dfrac{7}{8}$

---

p.86～87　実力アップ問題の答え

1 $\dfrac{3}{8}$

2 (1) $\dfrac{3}{10}$　(2) $\dfrac{1}{2}$　(3) $\dfrac{7}{10}$

3 (1) $\dfrac{1}{3}$　(2) $\dfrac{1}{6}$　(3) $\dfrac{1}{12}$　(4) $\dfrac{1}{9}$　(5) $\dfrac{7}{18}$

4 $\dfrac{11}{12}$

5 (1) $\dfrac{1}{9}$　(2) $\dfrac{1}{3}$　(3) $\dfrac{1}{3}$

6 (1) 頂点 F　(2) $\dfrac{3}{8}$

解説 **1** すべての場合の数は　$2\times2\times2=8$（通り）

4点＝2点＋1点＋1点だから，点数の合計が4点

となるのは（表，裏，裏），（裏，表，裏），（裏，裏，表）

の3通りで，求める確率は　$\dfrac{3}{8}$

2 Aから1本，Bから1本引くときのすべての場

合の数は，$6\times5=30$（通り）

(1) Aの当たりくじとBのはずれくじを引く場合は，

$3\times3=9$（通り）だから，

求める確率は　$\dfrac{3\times3}{6\times5}=\dfrac{3}{10}$

(2) Aの当たりくじとBのはずれくじを引く場合と，

AのはずれくじとBの当たりくじを引く場合があ

るから，求める確率は　$\dfrac{9+3\times2}{30}=\dfrac{1}{2}$

(3) 両方とも当たらない場合は，$3\times3=9$（通り）だ

から，求める確率は　$1-\dfrac{9}{30}=\dfrac{7}{10}$

参考 (1)の解き方の式は

$\dfrac{3\times3}{6\times5}=\dfrac{3}{6}\times\dfrac{3}{5}$ で，$\dfrac{3}{6}$，$\dfrac{3}{5}$ はそれぞれAで当た

る確率，Bで当たらない確率である。

3 すべての場合の数は，$6\times6=36$（通り）

(1) 大きいさいころの目4，5，6（3通り）のそれぞ

れに対して小さいさいころの目1，2，3，4

（4通り）の場合があるから，場合の数は

$3\times4=12$（通り）で，求める確率は　$\dfrac{12}{36}=\dfrac{1}{3}$

(2) さいころの目の数の和が6の倍数になるのは，

和が6のとき（1，5），（2，4），（3，3），（4，2），

（5，1），和が12のとき（6，6）で，全部で6通り

あるから，求める確率は　$\dfrac{6}{36}=\dfrac{1}{6}$

(3) さいころの目の数の和が10になる場合は，

（4，6），（5，5），（6，4）の3通りで，

求める確率は　$\dfrac{3}{36}=\dfrac{1}{12}$

(4) （大の目，小の目）で表すと，（6，4），（5，3），

（4，2），（3，1）の4通りで，求める確率は　$\dfrac{4}{36}=\dfrac{1}{9}$

(5) 1の約数は1，2の約数は2と1，3の約数は3

と1，4の約数は4と2と1，5の約数は5と1，6

の約数は6と3と2と1だから，

$1+2+2+3+2+4=14$（通り）

求める確率は　$\dfrac{14}{36}=\dfrac{7}{18}$

4 $ax+by=6$ より，$y=-\dfrac{a}{b}x+\dfrac{6}{b}$ このグラフ

が直線 $y=-2x$ と平行になる場合は

$-\dfrac{a}{b}=-2$ より $a=2b$

$(a,\ b)=(6,\ 3),\ (4,\ 2),\ (2,\ 1)$ の3通りが

$a=2b$ となる場合だから，

平行にならない確率は　$1-\dfrac{3}{36}=\dfrac{11}{12}$

5 花子はいつもグーを出すので，すべての場合の

数は，$3\times3\times1=9$（通り）

(1) 花子だけが勝つのは，太郎と次郎がともにチョ

キを出すときで，1通りだから，

求める確率は　$\dfrac{1}{9}$

(2) 太郎と次郎がチョキとパーを出すときが2通り，

ともにグーを出すときが1通りで，

合計 3 通りあるから，求める確率は $\dfrac{3}{9}=\dfrac{1}{3}$

(3) 花子をふくむ 2 人が勝つ場合は，太郎と次郎がグーとチョキを出すときで 2 通りある。太郎と次郎が勝つ場合は，ともにパーを出すときで 1 通りで，合計 3 通りあるから，

求める確率は $\dfrac{3}{9}=\dfrac{1}{3}$

6 (2) 起こりうるすべての場合は 8 通り。

3 回投げて頂点 B にくるのは，2 回が表で 1 回が裏の場合である。すなわち，（表，表，裏），（表，裏，表），（裏，表，表）の 3 通り。求める確率は $\dfrac{3}{8}$

> **定期テスト対策**
> ❶確率を求めるときは，同程度に起こると考えられるすべての場合の数を分母とする。
> ❶A の起こらない確率や「少なくとも～」の確率をよく練習しておこう。

7章 データの比較

⓬ データの比較

p.90～91 基礎問題の答え

1 (1) **最小値 … 12　第 1 四分位数 … 18**
　　第 2 四分位数 … 23.5　第 3 四分位数 … 34
　　最大値 … 40
　(2) **16**　(3) **ア**

解説 (1) データを大きさの順に並べると，12，16，18，19，22，25，28，34，37，40 となる。
第 2 四分位数は 5 番目と 6 番目のデータの平均値なので，$(22+25)\div2=23.5$
(2)（四分位範囲）＝（第 3 四分位数）－（第 1 四分位数）で求めることができるので，
$34-18=16$
(3) (1)の数値を参考に正しい箱ひげ図を選ぶ。

2 (1) **最小値 … 98　第 1 四分位数 … 106**
　　第 2 四分位数 … 130
　　第 3 四分位数 … 145.5　最大値 … 162
　(2) **39.5**

解説 (1) データを大きさの順に並べると，98，104，

108，116，130，132，140，151，162 となる。
第 1 四分位数は 2 番目と 3 番目のデータの平均値なので，$(104+108)\div2=106$
第 3 四分位数は 7 番目と 8 番目のデータの平均値なので，$(140+151)\div2=145.5$
(2)（四分位範囲）
＝（第 3 四分位数）－（第 1 四分位数）で求めることができるので，$145.5-106=39.5$

3 **イ**

解説 ア 第 3 四分位数から最大値まで 8 日以上としかいえず，正しくない。
イ 箱の中に 17 日分のデータが含まれることから正しい。
ウ 第 1 四分位数は，低い順から 8 番目である。第 1 四分位数は 15 より大きいので，15℃以下の日は 8 日未満であるので正しくない。

4 **ア**

解説 ア テスト A では第 3 四分位数は 80 より小さいので，80 点以上とった生徒は $100\times0.25=25$（人）以下である。またテスト B では第 3 四分位数は 80 より大きいので，80 点以上とった生徒は 25 人以上いる。よって正しい。
イ 箱ひげ図より，テスト B の箱よりテスト C の箱のほうが小さいので，正しくない。
ウ テスト C では，第 2 四分位数は 70 より大きいので，70 点以下の生徒は $100\times0.5=50$（人）以下である。テスト D では，第 2 四分位数は 70 より小さいので，70 点以下の生徒は，$100\times0.5=50$（人）以上である。よって，正しくない。

5 **エ**

解説 ア 箱ひげ図で平均値を表す場合は ＋ で表すので，この箱ひげ図からは平均値はわからない。
イ 商品 a の箱のほうが商品 b の箱より大きいので，正しくない。
ウ 商品 a の第 3 四分位数は 35 個，商品 b の第 3 四分位数は 34 個なので，商品 a の第 3 四分位数のほうが大きい。よって，正しくない。
エ 売上個数を大きさの順に並べると
24，□，27，□，□，□，□，34，□，38 となる。34 と 38 の間の□には 34～38 のいずれかが入るので，34 個以上売れた日が 3 日以上ある。よって，正しい。

1 (1) 最小値 … 4　第1四分位数（しぶんいすう）… 5.5
　　　第2四分位数 … 9　第3四分位数 … 12
　　　最大値 … 16

　(2) 6.5　(3) イ

解説 (1) データを大きさの順に並べると，4，5，6，
8，9，10，11，13，16となる。
第1四分位数は2番目と3番目のデータの平均値
なので，$(5+6)÷2=5.5$
第3四分位数は7番目と8番目のデータの平均値
なので，$(11+13)÷2=12$
(2) (四分位範囲（ぶんい）)＝(第3四分位数)−(第1四分位
数)で求めることができるので，
$12-5.5=6.5$
(3) (1)の数値を参考に正しい箱ひげ図を選ぶ。

2 (1) 最小値 … 91　第1四分位数 … 95.5
　　　第2四分位数 … 101
　　　第3四分位数 … 108　最大値 … 110

　(2) 12.5

解説 (1) データを大きさの順に並べると，91，95，
96，97，101，101，106，110，110となる。
第1四分位数は2番目と3番目のデータの平均値
なので，$(95+96)÷2=95.5$
第3四分位数は7番目と8番目のデータの平均値
なので，$(106+110)÷2=108$
(2) (四分位範囲)＝(第3四分位数)−(第1四分位数)
で求めることができるので，
$108-95.5=12.5$

3 イ

解説 ア データ数は40で偶数（ぐうすう）だから，データを小さ
い順に並べたときの20番目と21番目の平均値が
第2四分位数(中央値)となる。よって，必ず70g
の魚がいるとは限らない。
イ 箱ひげ図より，60<(第1四分位数)<(第3四分
位数)<80であることがわかる。箱はデータ数の
半分以上を含むから，60g以上80g未満の魚は20
匹以上いる。よって，正しい。
ウ 50〜第1四分位数までに$40×0.25=10$(匹)の
魚がいる。箱ひげ図より，第1四分位数は60より
大きいことがわかるため，50g以上60g未満の魚
は10匹以下である。よって，正しくない。

4 ア

解説 ア 箱ひげ図より，中央値は6冊。ヒストグラ
ムより，最頻値（さいひんち）は6〜8冊の階級の階級値だから7
冊。よって，中央値と最頻値は等しくない。
イ 箱ひげ図より，第1四分位数は5冊，第3四分
位数は9冊。四分位範囲は$9-5=4$(冊)であるか
ら正しい。
ウ $3÷40=0.075$より，12冊以上14冊未満の階級
の相対度数は0.1より小さい。よって，正しい。
エ 第1四分位数は5冊で，第1四分位数から最大
値の15冊までに，$40×0.75=30$(人)が含まれる。
よって，正しい。

5 (1) B中学校　(2) C中学校
　(3) A中学校

解説 (1) データの散らばりが大きいと，箱ひげ図は
大きくなる。一番大きい箱ひげ図はB中学校の箱
ひげ図である。
(2) 8.8秒の人が最小値から第1四分位数までに入っ
ている中学校を選ぶ。
(3) 9.6秒の人が第3四分位数から最大値までに入っ
ている中学校を選ぶ。

1 (1) 最小値 … 158　第1四分位数（しぶんいすう）… 165
　　　第2四分位数 … 169.5
　　　第3四分位数 … 173　最大値 … 178

　(2) イ

2 (1) 最小値 … 38　第1四分位数 … 47.5
　　　第2四分位数 … 57.5
　　　第3四分位数 … 64　最大値 … 71

　(2) イ

3 ウ

4 (1) B中学校　(2) B中学校　(3) A中学校

解説 **1** (1) データを大きさの順に並べると，158，
161，163，165，167，167，169，170，171，172，
173，174，176，178となる。
第2四分位数は7番目と8番目のデータの平均値
なので，$(169+170)÷2=169.5$
(2) (1)の数値を参考に正しい箱ひげ図を選ぶ。
2 (1) データを大きさの順に並べると，38，40，46，
46，49，52，55，57，58，61，62，62，66，66，
70，71となる。

第1四分位数は4番目と5番目のデータの平均値なので，（46＋49）÷2＝47.5

第2四分位数は8番目と9番目のデータの平均値なので，（57＋58）÷2＝57.5

第3四分位数は12番目と13番目のデータの平均値なので，（62＋66）÷2＝64

(2) (1)の数値を参考に正しい箱ひげ図を選ぶ。

③ 箱ひげ図より，最低点は20点以上30点未満，第1四分位数は50点以上60点未満，第2四分位数は60点以上70点未満，第3四分位数は80点以上90点未満，最高点は90点以上100点未満である。最低点と最高点については，すべてのヒストグラムが満たしている。

35人の点数を小さい順に並べると，第1四分位数，第2四分位数，第3四分位数はそれぞれ9番目，18番目，27番目の点数である。

アのヒストグラムでは，第1四分位数は30点以上40点未満，第2四分位数は50点以上60点未満，第3四分位数は60点以上70点未満であることがわかる。

イのヒストグラムでは，第1四分位数は40点以上50点未満，第2四分位数は60点以上70点未満，第3四分位数は70点以上80点未満であることがわかる。

ウのヒストグラムでは，第1四分位数は50点以上60点未満，第2四分位数は60点以上70点未満，第3四分位数は80点以上90点未満であることがわかる。

よって，正しいヒストグラムはウである。

④ (1) データの散らばりが小さいと，箱ひげ図は小さくなる。一番小さい箱ひげ図はB中学校である。

(2) 最小値から第1四分位数までに16.5mの記録が入っている学校を選ぶ。

(3) 第3四分位数から最大値までに24mの記録が入っている中学校を選ぶ。

定期テスト対策

❶四分位数や四分位範囲(はんい)の求め方をよく練習しておこう。

❶箱ひげ図を正確に読みとれるようにしておこう。